Marco Schneider

Durchführung einer praktischen Baukalkulation

GRIN Verlag

Bibliografische Information der Deutschen Nationalbibliothek:

Die Deutsche Bibliothek verzeichnet diese Publikation in der Deutschen Nationalbibliografie; detaillierte bibliografische Daten sind im Internet über http://dnb.d-nb.de/ abrufbar.

Impressum:

Druck und Bindung: Books on Demand GmbH, Norderstedt Germany
ISBN: 978-3-638-64155-5

Dieses Buch bei GRIN:

http://www.grin.com/de/e-book/10720/durchfuehrung-einer-praktischen-baukalkulation

Durchführung einer praktischen Baukalkulation

von

Marco Schneider

Semesterarbeit

zum Thema:
Durchführung einer praktischen Baukalkulation

von

Marco Schneider
Ing.-Assistent (BA)
BA Mosbach

bei

Ed. Züblin AG
Bauunternehmung
Zweigniederlassung Mannheim

Inhaltsverzeichnis:

1. Allgemeines zur Bauauftragsrechnung

Bei einem Vertragsabschluss zwischen Bauherrn und Bauunternehmen bildet der Preis zusammen mit der genauen Beschreibung der durchzuführenden Arbeiten die wichtigste Grundlage.

Die Berechnung der Preise ist Gegenstand der Kalkulation.

Diese muss alle kostenbeeinflussenden Faktoren bereits vor der Bauausführung berücksichtigen. Die Vielzahl dieser Faktoren macht bei jedem Bauvorhaben eine erneute und ausführliche Preisermittlung erforderlich und führt selbst bei gleichartigen Bauvorhaben zu stets neuen , mitunter nicht vergleichbaren Preisen.

Da die angebotenen Preise bei der Auftragserteilung zum festen Vertragsbestandteil werden, sind Preisschätzungen oder Übernahmen von Preisen aus anderen Angeboten mit erheblichen Risiken verbunden. Nur durch eine sorgfältige Preisermittlung, die betriebswirtschaftlichen Erfordernissen, firmenspezifischen Leistungsansätzen sowie bau- und verfahrenstechnischen Zusammenhängen entspricht, können Risiken, sowohl für den Bauherrn als auch für das Bauunternehmen verringert werden.

Aus diesem Grund wird vor Beginn bzw. über die Dauer der Bauausführung ein hohes Augenmerk auf die Kosten gelegt und unter dem Begriff „Bauauftragsrechnung" zusammengefasst.

Dabei stehen in den verschiedenen Phasen der Objektbearbeitung verschiedene Arten der Bauauftragsrechnung zur Auswahl, die als Entscheidungshilfe dienen können.

Man unterscheidet dabei zwischen:

- **Angebotskalkulation** zur Preisermittlung vor der Auftragsvergabe
- **Auftragskalkulation** zum Zeitpunkt der Auftragsvergabe und zur Einarbeitung von Verhandlungsergebnissen mit dem Bauherrn
- **Arbeitskalkulation** als Teil der Arbeitsvorbereitung
- **Nachkalkulation** als Kontrolle der laufenden Bauausführung bzw. zur Beurteilung des wirtschaftlichen Erfolges einer Baumaßnahme für den Unternehmer.

Im Wesentlichen wird im Zuge dieser Studienarbeit auf die Schwerpunkte Angebotskalkulation, Arbeitskalkulation und Nachkalkulation eingegangen werden. Die Auftragskalkulation wird lediglich kurz und nur am Rande beschrieben werden, da sie im wesentlichen nur eine Überarbeitung der Angebotskalkulation darstellt.

1.1. Die Angebotskalkulation

Im Rahmen der Bauauftragsrechnung steht die Angebotsbearbeitung bzw. die Angebotskalkulation an erster Stelle. Sie dient der Ermittlung von Angebotspreisen, i.d.R. auf Basis eines vom Bauherrn zur Verfügung gestellten Leistungsverzeichnisses (kurz „LV"), die bei Auftragserteilung bindende Vertragsgrundlage werden. Die Angebotskalkulation soll sicherstellen . dass den bei der Auftragsausführung anfallenden Aufwendungen entsprechende Erträge gegenüberstehen.

Die Angebotskalkulation muss daher auf Kosten- und Leistungsansätzen aufbauen, die so exakt wie möglich die Kostenentwicklung eines Bauvorhabens vorwegnehmen. Grundsatz für die Angebotserstellung muss es daher sein, dass Kosten- und Leistungsansätze auf der Grundlage der realistischen Einschätzung der Leistungsfähigkeit des einzelnen Unternehmens sowie unter Berücksichtigung aller die Kostenentwicklung beeinflussenden Faktoren erstellt werden.

Selbstverständlich unterliegen Preise in einer Marktwirtschaft auch den Einflüssen der aktuellen Marktsituation. Erforderlich Zuschläge oder Nachlässe zur Anpassung der Preise an diese Situation dürfen jedoch ausschließlich im Rahmen des unternehmerischen Entscheidungsspielraumes nach Erstellung der gesamten Kostenberechnung vorgenommen werden. Die Angebotskalkulation dient somit zunächst nicht der Ermittlung eines am Markt durchsetzbaren Preises sondern ausschließlich der Berechnung der bei der Durchführung mindestens zu erwartenden Kosten.

Zur endgültigen Berechnung der Angebotspreise, in Anpassung an die Marktlage, sind erforderliche Zuschläge oder Nachlässe in einem nächsten Schritt nachvollziehbar und begründbar in die Angebotskalkulation zu integrieren.

Als Berechnungsverfahren stehen hier zwei Verfahren der Zuschlagskalkulation, die Kalkulation mit Zuschlagsermittlung über die Endsumme, auch Umlagekalkulation genannt, und zum anderen die Kalkulation mit vorberechneten Zuschlägen, auch Zuschlagskalkulation genannt, zur Auswahl, auf die im folgenden nochmals näher eingegangen wird.

1.2. Die Auftragskalkulation

Nach Abgabe eines Angebotes an den Bauherrn kommt es in der Regel vor Vertragsabschluß zu Auftragsverhandlungen, in deren Verlauf in deren Verlauf in beiderseitigem Einverständnis Änderungen innerhalb der ursprünglichen Ausschreibung vorgenommen werden. Diese betreffen zumeist den Bauumfang, die Ausführungsart und -qualität, Bauzeit bzw. –fristen, Einheitspreise oder auch die Zahlungsmodalitäten. Die Konsequenzen, die solche Änderungen auf den letztlich zu vereinbarenden Preis des Angebotes haben, können nur beurteilt werden, wenn die Änderungen der Ausschreibung bzw. der Auftragsverhandlung direkt in die Angebotskalkulation eingearbeitet werden.

Die letzte Fassung der Kalkulation, die zum Zeitpunkt der Auftragsvergabe gültig ist, wird im Sprachgebrauch der Bauauftragsrechnung als „Vertragskalkulation" bzw. teilweise auch als „Vertragskalkulation" bezeichnet.

1.3. Die Arbeitskalkulation

Nach jedem Vertragsabschluß wird vor Beginn der eigentlichen Bauarbeiten eine Arbeitsvorbereitung notwendig. Dabei werden Verträge mit Lieferanten und Nachunternehmern geschlossen, Dispositionen bezüglich des Personals und der erforderlichen Geräte getroffen sowie der Bauablauf detailliert vorgeplant. Dabei kann es zu Änderungen von Kosten- und Leistungsansätzen kommen, die aufgrund geänderter Bauverfahren und -techniken notwendig werden, und deren Einarbeitung dann zur „Arbeitskalkulation" führen. Wenngleich dies auf die mit dem Auftraggeber vereinbarten Preise keinen Einfluss mehr hat, besteht dennoch die Notwendigkeit, die finanziellen Auswirkungen innerhalb der Arbeitskalkulation zu dokumentieren. So können die für die Baustelle verantwortlichen anhand der Arbeitskalkulation bereits vor und während der Bauausführung Hinweise auf wirtschaftliche Fehlentwicklungen erhalten und entsprechende Maßnahmen einleiten um die erfolgreiche Abwicklung zu gewährleisten. Auch bei der späteren Erstellung regelmäßiger Leistungsermittlungen, sogenannter „Leistungsmeldungen", bei der Vereinbarung von Akkordsätzen sowie der terminlichen Beurteilung muss auf eine Arbeitskalkulation zurückgegriffen werden können. Im Rahmen der Arbeitskalkulation bzw. im laufenden Bauprozess wird darüber hinaus festgelegt, im welchem Unfang und für welche Leistungspositionen eine gesonderte Nachkalkulation erforderlich ist. Dies wird i.d.R. für Schwerpunktpositionen festgelegt, die in der Summe großen Anteil am Gesamtvolumen des auszuführenden Auftrages haben.

1.4. Die Nachkalkulation

Bei der Nachkalkulation werden die Ansätze der Angebots- bzw. auch der Arbeitskalkulation den tatsächlichen Aufwendungen gegenübergestellt. Weichen die Werte voneinander ab, kann dies auf organisatorische Mängel bei der Bauausführung schließen lassen, die möglicherweise im weiteren Verlauf korrigiert werden können. Ist dies nicht der Fall, sind Kosten- und Leistungsansätze der Angebot- bzw. Arbeitskalkulation unzutreffend. Dies muss bei zukünftigen Angebotsbearbeitungen berücksichtigt werden, damit zukünftige Verluste bereits im Vorfeld einer Baumaßnahme verhindert werden.

Eine aussagekräftige Nachkalkulation kann jedoch nur erstellt werden, wenn die Baustellenberichte den Aufwand richtig erkennen lassen und wenn darüber hinaus die Löhne aus der Lohnabrechnung sowie der Materialverbrauch aus Lieferscheinen bzw. Lieferantenrechnungen fortlaufend aufaddiert werden. Somit kann wöchentlich, i.d.R. aber eher monatlich oder spätestens nach Ende der Arbeiten ein Vergleich zwischen Aufwand und Ertrag einer Baustelle bzw. eines Bauprojektes angestellt werden.

2. Kalkulationsverfahren

Im Allgemeinen erfolgt die Berechnung von Angebotssummen nach einer Aufschlüsselung nach Kostengruppen, die sich folgt zusammensetzt:

	Einzelkosten der Teilleistung	(EKT)
	bestehend aus:	
	Einzellohn- u. Gehaltskosten	
	Einzelkosten der Baustoffe u. –teile	
	Einzelkosten der Bauhilfsstoffe u. –teile	
	Einzelkosten der Hilfs- u. Betriebstoffe	
	Einzelkosten der Baugeräte	
	Einzelkosten der Fremd- u. Nachunternehmerleistungen	
+	Gemeinkosten der Baustelle	(GK)
	bestehend aus:	
	Kosten der Baustelleneinrichtung	
	Bauleitungskosten	
	Sozial- und Lohnnebenkosten	
	Kosten der Planung und technischen Beratung	
	Allgemeine Baukosten	
	Sonderkosten	
=	Herstellkosten	
+	Allgemeine Geschäftskosten	(AGK)
=	Selbstkosten	
+	Wagnis + Gewinn	(W+G)
=	Angebotsendsumme ohne Mehrwertsteuer	
+	Umsatzsteuer	(MwSt.)
=	Angebotsendsumme mit Mehrwertsteuer	

Weiterhin werden die Kostengruppen „Einzelkosten der Teilleistung (EKT)“ und „Gemeinkosten (GK)“ nochmals in Untergruppen, sogenannte Kostenarten, kurz KOA, unterteilt. Hierbei haben sich in der Praxis folgende Kostengliederungen durchgesetzt:

KOA 1	Lohn
KOA 2	Sonstige Kosten („SoKo“, z.B. Material, etc.)
KOA 3	Geräte (soweit nicht in Baustelleneinrichtung oder Gemeinkosten enthalten)
KOA 4	Fremdleistungen

Bei den in der Bauwirtschaft üblichen Kalkulationsverfahren zur Bildung von Einheitspreisen werden die Gemeinkosten den Einzelkosten als Zuschlag zugerechnet. Somit handelt es sich, wie bereits unter Punkt 1.1. angeführt, um Verfahren der Zuschlagskalkulation.

Dabei werden die nachfolgend beschriebenen zwei Varianten, die Kalkulation mit Zuschlagsermittlung über die Endsumme, auch Umlagekalkulation genannt, und die Kalkulation mit vorberechneten Zuschlägen, auch Zuschlagskalkulation genannt, unterschieden.

2.1. Kalkulation mit Zuschlagsermittlung über die Endsumme

Bei der Kalkulation mit Zuschlagsermittlung über die Endsumme, der sogenannten Umlagekalkulation, sollte für alle größeren und insbesondere komplexere Bauobjekte eingesetzt werden, da sie unabhängig von Besonderheiten des Leistungsverzeichnisses und von den Baustellengegebenheiten durchgeführt werden kann sowie das Gemeinkosten der Baustelle immer objektspezifisch ermittelt und angepasst werden.
Bei dieser Kalkulationsart werden bestimmte, nicht den Einzelkosten einer Teilleistung direkt zuordenbare, Baukosten über deren Endsumme auf diese umgelegt. Zu diesen umzulegenden Kosten gehören die Gemeinkosten der Baustelle, die allgemeinen Geschäftskosten sowie der Zuschlag für unternehmerisches Wagnis und den Gewinn. Zu berücksichtigen ist jedoch, dass vor der eigentlichen Umlage alle bei der Bauabwicklung anfallende Kosten in vollständiger Höhe vorliegen müssen.

Aufwendig bei diesem Verfahren der Kalkulation erweist sich allerdings die Tatsache, dass ein doppelter Rechengang, d.h. einmal zur Errechnung der Gesamtsumme der Herstellkosten der Teilleistungen und zum Zweiten zur Ermittlung der Angebotsendsumme nach Ermittlung Gemeinkosten der Baustelle sowie deren Umlage.
Dies wiederholt sich ebenfalls bei jeder Mengenänderung bzw. bei Änderungen im Leistungsansatz einer Position. Der endgültige Einzelpreis einer Position entsteht erst nach Durchführung des zweiten Rechenganges, so dass eine Kontrolle der Positions-Endpreise während der Kalkulation nicht möglich ist. Jedoch stellt dieser erhöhte Rechenaufwand bei Verwendung einer entsprechenden Kalkulationssoftware bzw. eines entsprechenden EDV-Systems kaum eine Mehrbelastung dar.

Nachfolgend wird beispielhaft eine Kalkulation mit Hilfe dieses Verfahrens durchgeführt und veranschaulicht.

2.2. Kalkulation mit vorgegebenen Zuschlägen

Die Kalkulation mit vorberechneten bzw. vorgegebenen Zuschlägen, auch Zuschlagskalkulation genannt, stellt im eigentlichen Sinne kein grundsätzlich von der Kalkulation über die Endsumme abweichendes Preisermittlungsverfahren dar.
Im Gegensatz zum o.g. Verfahren wird jedoch insbesondere im Hinblick auf baustellenbezogene Gemeinkosten sowie die Mittellohnberechnung mit erheblichen Vereinfachungen gerechnet.

Nachdem im ersten Schritt wie beim Umlageverfahren die Einzelkosten der Teilleistung in gleicher Weise berechnet wurden, entfällt hier jedoch die gesonderte Berechnung der Baustellengemeinkosten sowie des baustellenspezifischen Mittellohnes. Die notwendige Höhe der Zuschläge muss anhand von Erfahrungswerten, Soll-Ist-Vergleichen und Nachkalkulationen ermittelt werden. Zusammen mit den Zuschlägen für allgemeine Geschäftskosten sowie Wagnis und Gewinn ergeben sich so Zuschlagssätze, die z.B. nach Ablauf eines Geschäftjahres festgelegt und einheitlich bei allen Angeboten zugrunde gelegt werden.

3. Durchführen einer Angebotskalkulation über die Endsumme

Die nachfolgend ausgeführte Kalkulation basiert auf einer schlüsselfertigen Baumaßnahme, die im Jahre 1995 ausgeführt wurde. Aus diesem Grund liegt als Währungseinheit noch „Deutsche Mark" (DM) zugrunde. Zur Vereinfachung wurde der Bereich der Rohbauarbeiten herausgegriffen und veranschaulicht.

3.1. Berechnung des Kalkulationslohnes

Zu Beginn erfolgt die Berechnung des Baustellenmittelohnes auf Basis der, den Erfordernissen entsprechenden, gewählten Baustellenbesetzung:

Berechnung des Mittellohnes

	Berufsgruppe	Anzahl Arbeitskräfte	Tariflohn [DM/h]		Gesamtlohn [DM/h]	[DM/h]
	Poliere	(1)	29,41		in Gemeinkosten	
	Werkpoliere	(1)	26,47		enthalten	
	Bauvorarbeiter	2	24,25		48,50	
	Spezialbaufacharbeiter	3	23,00		69,00	
	Baumaschinenführer (M III)	2	23,44		46,88	
	Kraftfahrer (M IV)	4	21,13		84,52	
	gehobener Baufacharbeiter	3	21,13		63,39	
	Baufacharbeiter	2	20,54		41,08	
	Baufachwerker	4	19,74		78,96	
	Bauwerker	2	19,05		38,10	
	Summe Arbeitskräft (o. Poliere und Werkpoliere)	22	Summe Lohnkosten (o. Poliere und Werkpoliere)		470,43	
	Grundmittellohn (GM) =	Summe Lohnkosten / Summe Arbeitskräfte o. Poliere	=		470,43 / 22	= **21,38 DM/h**
		Anzahl Mitarbeiter [%]	**GM**	**Anzahl d. Stunden [ca. %]**		
Lohnbedingte Zuschläge – Mehrarbeit	Überstunden	25%	21,38 DM/h	11%	0,59	
	Nachtstunden		21,38 DM/h			
	Sonntagsstunden		21,38 DM/h			
	Feiertagsstunden		21,38 DM/h			
Sonstige Zuschläge	Erschwerniszulage		21,38 DM/h			
	Leistungszulage		21,38 DM/h			
	Stammarbeiterzulage	23%		0,50 DM/h	0,12	
	Vermögensbildung	55%		0,25 DM/h	0,14	
				Summe Zulagen	0,84	0,84 DM/h
	Mittelohn I (ML I)					**22,22 DM/h**
+	lohngebundene Zuschläge / gesetzliche und tarifliche Aufwendungen		111%	22,22 DM/h		24,67 DM/h
	Mittelohn II (ML II)					**46,89 DM/h**
	Art	**Anzahl Mitarbeiter [%]**	**Anzahl Arbeitskräfte**	**Betrag [DM/Arb.*AT]**	**Betrag [DM/AT]**	
Lohnnebenkosten (LNK) – ohne / mit Auslösung	Auslösung	33%	22	48,00	348,48	
	Reisegeld					
	Reisezeitvergütung					
	Fahrtkosten	38%	22	15,00	125,40	
	Wegezeitvergütung					
				Summe LNK/AT	473,88	
	Stunden je Arbeitstag (AT):	8,82 h	LNK / h = LNK / (AK*h/AT):	2,44 DM/h		2,44 DM/h
	Lohngebundene Zuschläge für lohnsteuerpflichtige LNK		28,5%	2,44 DM/h	111%	0,77 DM/h
	Kalkulationsmittellohn (Mittelohn ML III)					**50,11 DM/h**
	Kleingeräte und Werkzeuge	(soweit nicht in Gemeinkosten enthalten)				enthalten!
	Lohnbuchhaltung	(soweit nicht in Gemeinkosten enthalten)				enthalten!
	Kalkulationsmittellohn (Mittelohn ML IV)					**50,11 DM/h**

Die gewählten Werte sind Vorgabe aus geltenden Tarifverträgen (Stand 1995) und Vorgaben der zentralen Buchhaltung und somit als „festgeschrieben" anzusehen.

3.2. Berechnung der Einzelkosten der Teilleistungen (EKT)

Entsprechend den Anforderungen des Leistungsverzeichnisses werden den Positionen zugehörige Leistungs- und Kostenansätze zugeordnet, die je nach Betrieb, i.d.R. vorgegeben werden bzw. aus Erfahrungswerten anderer Baustellen resultieren. Diese entsprechend mit dem Mengenvordersatz multipliziert ergeben die zu erwartenden Aufwendungen für die betreffenden Position.

BV : Neubau Verwaltungsgebäude (Rohbauarbeiten, Auszug aus Kalkulation)

Posi-tion	Menge	Ein-heit	Kurzbeschreibung der Teilleistung und Kalkulationsansätze				je Einheit ohne Zuschläge			Menge x Einheit ohne Zuschläge			je Einheit mit Zuschlägen			Angebotspreis je Einheit (EP)	Angebotspreis je Teilleist. (GP)
							Lohn Std.	SoKo DM	Fremdl. DM	Lohn Std.	SoKo DM	Fremdl. DM	Lohn DM	SoKo DM	Fremdl. DM	DM	DM
			Verrechnungssätze														
			Faktor	Std.Ansatz	Mat.Kosten	Fremdkosten	----------	----------	----------	----------	----------	----------	0,00	0,0%	0,0%		
			Gewerk: Stahlbetonarbeiten							**17.011,55**	**653.112,15**	**490.102,34**				2768122,63	**0,00**
4.10	**700,0**	m²	**Sauberkeitsschicht B5 ,d=10 cm**				**0,132**	**13,00**	**2,80**	**92,4**	**9100,0**	**1960,0**	**0,00**	**0,00**	**0,00**	**0,00**	**0,00**
			Betonieren														
			0,1	0,620	130,00	28,00	0,062	13,00	2,80								
			Abziehen														
			1	0,070			0,070										
4.20	**40,0**	m³	**Ortbeton der Einzelfundamente B25**				**0,450**	**125,0**	**134,0**	**18,0**	**5000,0**	**5360,0**	**0,00**	**0,00**	**0,00**	**0,00**	**0,00**
			Bewehrung														
			0,1			1.340,00			134,00								
			Betonieren														
			1	0,450	125,00		0,450	125,00	0,00								
4.30	**80,0**	m²	**Schalung der Einzelfundamente**				**0,90**	**20,00**		**72,00**	**1600,00**		**0,00**	**0,00**		**0,00**	**0,00**
			1	0,900	20,00		0,900	20,00									
4.40	**145,0**	m³	**Ortbeton der Streifenfundamente B25**				**0,450**	**125,0**	**134,0**	**65,3**	**18125**	**19430**	**0,00**	**0,00**	**0,00**	**0,00**	**0,00**
			Bewehrung														
			0,1			1.340,00			134,00								
			Betonieren														
			1	0,450	125,00		0,450	125,00	0,00								
4.50	**205,0**	m²	**Schalung der Streifenfundamente**				**0,90**	**20,00**		**184,5**	**4100,00**		**0,00**	**0,00**		**0,00**	**0,00**
			1	0,900	20,00		0,900	20,00									

Posi-tion	Menge	Ein-heit	Kurzbeschreibung der Teilleistung und Kalkulationsansätze				je Einheit ohne Zuschläge			Menge x Einheit ohne Zuschläge			je Einheit mit Zuschlägen			Angebotspreis je Einheit (EP)	Angebotspreis je Teilleist. (GP)
							Lohn Std.	SoKo DM	Fremdl. DM	Lohn Std.	SoKo DM	Fremdl. DM	Lohn DM	SoKo DM	Fremdl. DM	DM	DM
			Verrechnungssätze													Übertrag :	0,00
			Faktor	Std.Ansatz	Mat.Kosten	Fremdkosten	----------	----------	----------	----------	----------	----------	0,00	0,0%	0,0%		
4.60	**8,0**	**St.**	**Zulage für Ecken 45° Streifenfundamente**				**1,00**			**8,0**			**0,00**			**0,00**	**0,00**
			1	1,000			1,000										
4.60	**58,0**	**m²**	**Ortbeton der Fundamentplatten B25**				**0,47**	**125,0**	**134,00**	**27,2**	**7250,0**	**7772,0**	**0,00**	**0,00**	**0,00**	**0,00**	**0,00**
			Bewehrung														
			0,1			1.340,00			134,00								
			Betonieren														
			1	0,370	125,00		0,370	125,00	0,00								
			Glätten														
			1,42	0,070			0,099										
4.70	**38,0**	**m²**	**Schalung der Fundamentplatten**				**1,050**	**20,00**		**39,90**	**760,00**		**0,00**	**0,00**		**0,00**	**0,00**
			1	1,050	20,00		1,050	20,00									
4.80	**700,0**	**m²**	**Ortbeton Bodenplatte B25 , d=30 cm**				**0,18**	**38,36**	**40,20**	**125,9**	**26852,0**	**28140,0**	**0,00**	**0,00**	**0,00**	**0,00**	**0,00**
			Bewehrung														
			0,03			1.340,00			40,20								
			Betonieren														
			0,3	0,370	125,00		0,111	37,50	0,00								
			Randschalung														
			0,043	1,600	20,00		0,069	0,86									
4.90	**700,0**	**m²**	**Bodenplatte abziehen & glätten**				**0,070**		**7,00**	**49,00**		**4900**	**0,00**		**0,00**	**0,00**	**0,00**
			1	0,070		7,00	0,070		7,00								
4.100	**6000,0**	**m²**	**Orbeton der Deckenplatten B25,d=20cm**				**0,07**	**25,00**	**26,80**	**444**	**150000**	**160800**	**0,00**	**0,00**	**0,00**	**0,00**	**0,00**
			Betonieren														
			0,2	0,370	125,00		0,074	25,00	0,00								
			Bewehrung														
			0,02			1.340,00			26,80								

Position	Menge	Einheit	Kurzbeschreibung der Teilleistung und Kalkulationsansätze				je Einheit ohne Zuschläge			Menge x Einheit ohne Zuschläge			je Einheit mit Zuschlägen			Angebotspreis je Einheit (EP)	Angebotspreis je Teilleist. (GP)
							Lohn Std.	SoKo DM	Fremdl. DM	Lohn Std.	SoKo DM	Fremdl. DM	Lohn DM	SoKo DM	Fremdl. DM	DM	DM
			Verrechnungssätze													Übertrag :	0,00
			Faktor	Std.Ansatz	Mat.Kosten	Fremdkosten	----------	----------	----------	----------	----------	----------	0,00	0,0%	0,0%		
4.110	**6000,0**	**m²**	**Schalung Deckenplatten**				**0,575**	**7,41**		**3450**	**44460**		**0,00**	**0,00**		**0,00**	**0,00**
			Grundmontage (1,5 h/m²x1,0 m²)/27 Einsätze=0,056 h														
			1	0,056			0,075										
			Folgeeinsätze (0,5 h/m²x1,0 m²)=0,5 h														
			1	0,500			0,500										
			Material 1m²x(150DM7m²+50DM/m²)=200 DM/m²														
			200 DM/m²/27 Einsätze =7,41 DM/m²														
			1		7,41			7,41									
4.120	**6000,0**	**m²**	**Halbfertigteildecken d=5 cm**				**0,480**	**43,95**	**20,10**	**2881,5**	**263715**	**120600**	**0,00**	**0,00**	**0,00**	**0,00**	**nur EP**
			Einbau														
			1	0,400	25,00		0,400	25,00									
			Unterstützung														
			90 lfm x9 St.=810 lfm/6000 m²=0,135 lfm/m²														
			0,135	0,150	1,50		0,020	0,20									
			Bewehrung														
			0,015			1.340,00			20,10								
			Aufbeton d=15 cm														
			0,15	0,400	125,00		0,060	18,75	0,00								
4.130	**6000,0**	**m²**	**Glätten der Deckenoberfläche**				**0,070**		**7,00**	**420,0**		**42000,0**	**0,00**		**0,00**	**0,00**	**0,00**
			1	0,070		7,00	0,070		7,00								
4.140	**835,0**	**m²**	**Ortbeton der Kelleraussenwände**				**0,200**	**31,25**	**33,50**	**167,0**	**26093,8**	**27972,5**	**0,00**	**0,00**	**0,00**	**0,00**	**0,00**
			B25 , d=25 cm														
			Bewehrung														
			0,025			1.340,00			33,50								
			Betonieren														
			0,25	0,800	125,00		0,200	31,25	0,00								
4.150	**1670,0**	**m²**	**Schalung der Kelleraussenwände**				**0,567**	**6,67**		**946,9**	**11138,9**		**0,00**	**0,00**		**0,00**	**0,00**
			1	0,567	6,67		0,567	6,67									

Position	Menge	Einheit	Kurzbeschreibung der Teilleistung und Kalkulationsansätze				je Einheit ohne Zuschläge			Menge x Einheit ohne Zuschläge			je Einheit mit Zuschlägen			Angebotspreis je Einheit (EP)	Angebotspreis je Teilleist. (GP)
							Lohn Std.	SoKo DM	Fremdl. DM	Lohn Std.	SoKo DM	Fremdl. DM	Lohn DM	SoKo DM	Fremdl. DM	DM	DM
			Verrechnungssätze													Übertrag :	0,00
			Faktor	Std.Ansatz	Mat.Kosten	Fremdkosten	----------	----------	----------	----------	----------	----------	0,00	0,0%	0,0%		
4.160	**680,0**	**m²**	**Ortbeton der Treppenhauswände**				**0,24**	**37,50**	**40,20**	**163,2**	**25500**	**27336**	**0,00**	**0,00**	**0,00**	**0,00**	**0,00**
			B25 , d=30 cm														
			Bewehrung														
			0,03			1.340,00			40,20								
			Betonieren														
			0,3	0,800	125,00		0,240	37,50	0,00								
4.170	**1360,0**	**m²**	**Schalung der Treppenhauswände**				**0,567**	**6,67**		**771,1**	**9071**		**0,00**	**0,00**		**0,00**	**0,00**
			1	0,567	6,67		0,567	6,67									
4.180	**1045,0**	**m²**	**Ortbeton des Inst.-u.Aufzugsschachtes**				**0,24**	**37,50**	**40,20**	**251**	**39188**	**42009,0**	**0,00**	**0,00**	**0,00**	**0,00**	**0,00**
			B25 , d= 30 cm														
			Bewehrung														
			0,03			1.340,00	0,000	0,00	40,20								
			Betonieren														
			0,3	0,800	125,00		0,240	37,50	0,00								
4.190	**2090,0**	**m²**	**Schalung des Inst.-u.Aufzugsschachtes**				**0,867**	**6,67**		**1812**	**13940**		**0,00**	**0,00**		**0,00**	**0,00**
			1	0,867	6,67		0,867	6,67									
4.200	**28,0**	**St.**	**Ortbeton der Stützen ,40/40 cm**				**0,870**	**64,0**	**67,0**	**24,4**	**1792**	**1876**	**0,00**	**0,00**	**0,00**	**0,00**	**0,00**
			B25 , l=3,2m														
			Bewehrung														
			0,05			1.340,00	0,000	0,00	67,00								
			Betonieren														
			0,512	1,700	125,00		0,870	64,00									

Position	Menge	Einheit	Kurzbeschreibung der Teilleistung und Kalkulationsansätze				je Einheit ohne Zuschläge			Menge x Einheit ohne Zuschläge			je Einheit mit Zuschlägen			Angebotspreis je Einheit (EP)	Angebotspreis je Teilleist. (GP)
							Lohn	SoKo	Fremdl.	Lohn	SoKo	Fremdl.	Lohn	SoKo	Fremdl.		
							Std.	DM	DM	Std.	DM	DM	DM	DM	DM	DM	DM
			Verrechnungssätze													Übertrag :	0,00
			Faktor	Std.Ansatz	Mat.Kosten	Fremdkosten				----------	----------	----------	0,00	0,0%	0,0%		
4.210	**314,0**	**St.**	**Ortbeton der Stützen ,40/40 cm**				**0,918**	**67,5**	**67,0**	**288,25**	**21195**	**21038**	**0,00**	**0,00**	**0,00**	**0,00**	**0,00**
			B25 , l=3,4m														
			Bewehrung														
			0,05			1.340,00			67,00								
			Betonieren														
			0,54	1,700	125,00		0,918	67,50									
4.220	**8,0**	**St.**	**Ortbeton der Stützen ,40/40 cm**				**1,142**	**84,00**	**89,78**	**9,14**	**672,00**	**718**	**0,00**	**0,00**	**0,00**	**0,00**	**0,00**
			B25 , l=4,2m														
			Bewehrung														
			0,067			1.340,00			89,78								
			Betonieren														
			0,672	1,700	125,00		1,142	84,00									
4.230	**1860,0**	**m²**	**Stützenschalung bis 3,50 m Höhe**				**0,780**	**20,00**		**1451**	**37200**		**0,00**	**0,00**		**0,00**	**0,00**
			1	0,780	20,00		0,780	20,00									
4.240	**60,0**	**m²**	**Stützenschalung über3,50 m Höhe**				**1,020**	**20,00**		**61,20**	**1200,00**		**0,00**	**0,00**		**0,00**	**0,00**
			1	1,020	20,00		1,020	20,00									
4.250	**2435,0**	**lfm**	**Ortbeton der Unterzüge B25,**				**0,096**	**30,00**	**32,16**	**233,8**	**73050**	**78310**	**0,00**	**0,00**	**0,00**	**0,00**	**0,00**
			b/d=40/60 cm														
			Bewehrung														
			0,024			1.340,00			32,16								
			Betonieren														
			0,24	0,400	125,00		0,096	30,00									
4.260	**2320,0**	**m²**	**Schalung der Unterzüge**				**1,600**	**20,00**		**3712**	**46400**		**0,00**	**0,00**		**0,00**	**0,00**
			1	1,600	20,00		1,600	20,00									
4.280	**8,0**	**St.**	**Zulage für Ecke 45° der Unterzüge**				**1,000**			**8,00**			**0,00**			**0,00**	**0,00**
			1	1,000			1,000										

Posi-tion	Menge	Ein-heit	Kurzbeschreibung der Teilleistung und Kalkulationsansätze				je Einheit ohne Zuschläge			Menge x Einheit ohne Zuschläge			je Einheit mit Zuschlägen			Angebotspreis je Einheit (EP)	Angebotspreis je Teilleist. (GP)
							Lohn Std.	SoKo DM	Fremdl. DM	Lohn Std.	SoKo DM	Fremdl. DM	Lohn DM	SoKo DM	Fremdl. DM	DM	DM
			Verrechnungssätze													Übertrag :	0,00
			Faktor	Std.Ansatz	Mat.Kosten	Fremdkosten	----------	----------	----------	----------	----------	----------	0,00	0,0%	0,0%		
4.270	**1,0**	**St.**	**Verbindungstreppe**				**8,45**	**249,5**	**201,0**	**8,45**	**249,50**	**201**	**0,00**	**0,00**	**0,00**	**0,00**	**0,00**
			Bewehrung														
			0,15			1.340,00			201,00								
			Betonieren														
			1,5 m³ Beton														
			1,5	1,500	125,00		2,250	187,50									
			Schalung														
			3,1 m² Schalung														
			3,1	2,000	20,00		6,200	62,00									
4.280	**20,0**	**m³**	**Ortbeton der Treppenpodestplatten**				**1,720**	**125,0**	**134,0**	**34,40**	**2500,0**	**2680**	**0,00**	**0,00**	**0,00**	**0,00**	**0,00**
			Bewehrung														
			0,1			1.340,00			134,00								
			Betonieren														
			1	1,720	125,00		1,720	125,00									
4.290	**80,0**	**m²**	**Schalung der Treppenpodestplatten**				**1,15**	**20,00**		**92,00**	**1600,00**		**0,00**	**0,00**		**0,00**	**0,00**
			1	1,150	20,00		1,150	20,00									
4.300	**16,0**	**St.**	**Fertigteiltreppelaufplatten**				**2,00**		**1100**	**32,00**		**17600**	**0,00**		**0,00**	**0,00**	**0,00**
			Liefern und einbauen														
			1	2,000		1.100,00	2,000		1100,0								
4.310	**975,0**	**lfm**	**Brüstung als Fertigteil**				**2,00**	**77,00**		**1950**	**75075,0**		**0,00**	**0,00**		**0,00**	**0,00**
			Liefern und einbauen														
			1	1,500		140,00	1,500		140,00								
			Iso-Korb (0,5m/lfm Brüstung)														
			0,5		154,00		0,500	77,00									

3.3. Ermittlung der Gemeinkosten der Baustelle (GK)

Nachdem bei der Ermittlung der Teilleistungskosten mit Hilfe der Leistungsansätze der Positionen eine Gesamtsumme die für die Ausführung zur erwartenden Lohnstunden ermittelt wurden, kann daraus Rückschluss auf die Dauer der Bautätigkeiten gezogen werden. Mit Hilfe der hier ermittelte Dauer werden daraus dann die einmaligen (hier: Gemeinkosten A) und zeitabhängigen (hier: Gemeinkosten B) Gemeinkosten der Baustelle ermittelt.

Gemeinkosten der Baustelle A

	Kostenentwicklung			Lohn (h)	SoKo (DM)
A	**Einmalige Kosten**				
1	**Einrichten und Räumen der Baustelle**				
	Kran 1 (Höhe 36 m) auf- und abbauen				35.350,00 DM
	Kran 2 (Höhe 42 m) auf- und abbauen				38.800,00 DM
	Schnurgerüst aufstellen und einmessen			30,0 h	500,00 DM
	Magazincontainer (2 Stück) aufstellen			10,0 h	440,00 DM
	Magazincontainer (2 Stück) abbauen			8,0 h	440,00 DM
	Unterkunftscontainer (4 Stück) aufstellen			24,0 h	1.200,00 DM
	Unterkunftscontainer (4 Stück) abbauen			16,0 h	1.200,00 DM
	Bürocontainer (2 Stück) aufstellen			12,0 h	500,00 DM
	Bürocontainer (2 Stück) abbauen			8,0 h	500,00 DM
	WC-Container (2 Stück) aufstellen			12,0 h	800,00 DM
	WC-Container (2 Stück) abbauen			8,0 h	800,00 DM
	Auf- und Abladen der Geräte und Baubuden				
	Auf- und Abladen der allgemeinern Einrichtung				
	Wasseranschluß			20,0 h	600,00 DM
	Stromanschluß			40,0 h	500,00 DM
	Telefonanschluß				500,00 DM
	Auf- und Abladen Bauhof				
	Auf- und Abladen Baustelle				
	Transportkosten				
	2 x 150 to x 100,00 DM/to =	30.000,00 DM			30.000,00 DM
	Sonderfrachten				
2	**Lohnbezogene Kosten**				
	Lohnsumme				
	17.011,55 h x 21,38 DM/h =	363.761,02 DM			
	Kleingeräte und Werkzeuge:	5% der Lohnsumme			18.188,05 DM
	Nebenstoffe und Frachten:				
	Sonstige allgemeine Baukosten:				
	Lohnsummensteuer:				
	Hapfpflichtversicherung:	1% der Lohnsumme			3.637,61 DM
3	**Technische Bearbeitung**				bauseits
	Konstruktion lt. Angebot einschl. Bestandszeichnungen				
	Arbeitsvorbereitung				
	Sonstiges (Fotos, Prospekte, etc.)				
4	**Besondere Wagnisse**				
	Eigenbeteiligung, Preissteigerung, Lohn:				
	Bauleistungsversicherung:				
Summe A: Einmalige Kosten				**188,0 h**	**133.955,66 DM**

	Gemeinkosten der Baustelle B		
	Kostenentwicklung	**Lohn (h)**	**SoKo (DM)**
A	**Zeitabhängige Kosten**		
1	**Vorhaltekosten der Geräte und Einrichtungen**		
	Kran 1 (Höhe 36 m) vorhalten, 4 Monate		68.081,08 DM
	Kran 2 (Höhe 42 m) vorhalten, 4 Monate		70.651,48 DM
	Magazincontainer (2 Stück) vorhalten, 4 Monate		1.952,00 DM
	Unterkunftscontainer (4 Stück) vorhalten, 4 Monate		11.088,00 DM
	Bürocontainer (2 Stück) vorhalten, 4 Monate		4.848,00 DM
	WC-Container (2 Stück) vorhalten, 4 Monate		9.000,00 DM
2	**Betriebsstoffe (Strom, Benzin, Heizöl, Wasser)**		
	Leistungsverbrauch (in Vorhaltekosten enthalten)		
3	**Baustellengehälter**		
	0,5 Bauleiter je 9500,- DM/Mo. * 4 Mo.		19.000,00 DM
	0,1 Kaufmann je 8000,- DM/Mo. * 4 Mo.		3.200,00 DM
	0,1 Schreibkraft je 5000,- DM/Mo. * 4 Mo.		2.000,00 DM
	2 Poliere je 8500,- DM/Mo. * 4 Mo.		68.000,00 DM
			(92.200,00 DM)
	Gehaltsgebundene Kosten		
	71 % von 92.000 DM		65.320,00 DM
4	**Allgemeine Baukosten**		
	Hilfslöhne (Magaziner, Boten, etc.)		
	Bürokosten		
	Allgemeines 50,- DM/Mo. * 4 Mo.		200,00 DM
	Telefon 200,- DM/Mo. * 4 Mo.		800,00 DM
	Material & Spesen 100,- DM/Mo. * 4 Mo.		400,00 DM
	Pkw-Betrieb, 3 Pkw * 300 km/Mo. * 0,58 DM/km		522,00 DM
5	**Sonderkosten**		
	Reinigen der Baustraße und laufende Ausbesserungsarbeiten		
	200,- DM/Mo. * 4 Mo.		800,00 DM
Summe B: Zeitabhängige Kosten		**0,0 h**	**325.862,56 DM**
Gemeinkosten der Baustelle (Summe A + B)		**188,0 h**	**459.818,22 DM**

Weitere in der Gemeinkostenermittlung enthaltenen Werte bzw. Kostenansätze wie z.B. Kran- und Containerkosten sind mit Hilfe der Baugeräteliste `91 ermittelt worden bzw. durch Angebote von Baugerätevermietern belegbar.

3.4. Durchführen der Umlage

Nachdem nunmehr die Summen der Teilleistungen sowie die baustellenbezogenen Gemeinkosten ermittelt sind, kann die Umlage über die Endsumme, d.h. die Berechnung der Zuschläge vorgenommen werden.

Für den Ansatz der allgemeinen Geschäftskosten (AGK) wurde ein prozentualer Ansatz auf die Netto-Angebotssumme in Höhe von 8,0 % zum Ansatz gebracht. Für Wagnis und Gewinn soll ein Zuschlag in Höhe von 7,0 % der Netto-Angebotssumme berücksichtigt werden.

Die Zuschläge auf die Stoff- und Gerätekosten bei der Berechnung des Lohnfaktors (Stundenverrechnungssatzes) wurde aufgrund der baustellenspezifischen Rahmenbedingungen auf 11 %, für die Nachunternehmerkosten mit 8 % festgesetzt.

Summe der kalkulierten Stunden		17.011,55 h	
Mittellohn lt. Berechnung		50,11 DM/h	
Lohnkosten	17.011,55 h	* 50,11 DM/h	852.394,34 DM
Summe der Stoff- und Gerätekosten			653.112,15 DM
Summe der Nachunternehmerleistung			490.102,34 DM
		Summe der Einzelkosten der Teilleistungen (EKT):	**1.995.608,83 DM**
Baustellengemeinkosten lt. Berechnung			459.818,22 DM
Lohnkosten	188,00 h	* 50,11 DM/h	9.420,08 DM
		Herstellkosten (HK):	**2.464.847,13 DM**
Zuschlagssätze			
- Allgemeine Geschäftskosten (a):	8%		
- Wagnis und Gewinn (w + g):	7%		
Umrechnung auf Herstellkosten			
$Z = \frac{(a+(w+g))*100}{100-(a+(w+g))} * HK =$	$\frac{15\% \quad * 100}{100}$	$\frac{* 2.464.847,13 \text{ DM}}{- 15\%} =$	370.282,49 DM
		Angebotssumme ohne MwSt.:	**2.835.129,62 DM**

Umlage über die Endsumme:			
Angebotssumme ohne MwSt.:			2.835.129,62 DM
./. Stoff- und Gerätekosten	11% * 653.112,15 DM		-724.954,49 DM
./. Nachunternehmerleistung	8% * 490.102,34 DM		-529.310,53 DM
		verbleibender Kostenanteil:	**1.580.864,61 DM**
Stundenverrechnungssatz =	$\frac{\text{verbl. Kostenanteil}}{\text{Summe Lohnstunden}} =$	$\frac{1.580.864,61 \text{ DM}}{17.011,55 \text{ h}} =$	**92,93 DM/h**

3.5. Berechnung der Angebots-Einheitspreise

Mit den aus der Umlage über die Endsumme gebildeten Zuschlagssätzen, hier für Stoff- u. Gerätekosten von 11 % und für Nachunternehmerleistungen von 8 %, sowie dem Lohnfaktor (Stundenverrechnungssatz) vom 92,93 DM/h werden abschließend die einzelnen Ansätze aus der Berechnung der Einzelkosten der Teilleistung (EKT) multipliziert und daraus die Einheitspreise berechnet.

Die hierbei entstehende Angebotsumme muss der bei Umlageermittlung bereits errechneten entsprechen (Rundungsfehler sind zu beachten)!

BV: Neubau Verwaltungsgebäude (Rohbauarbeiten, Auszug aus Kalkulation)

Position	Menge	Einheit	Kurzbeschreibung der Teilleistung und Kalkulationsansätze				je Einheit ohne Zuschläge			Menge x Einheit ohne Zuschläge			je Einheit mit Zuschlägen			Angebotspreis je Einheit (EP)	Angebotspreis je Teilleist. (GP)
							Lohn Std.	SoKo DM	Fremdl. DM	Lohn Std.	SoKo DM	Fremdl. DM	Lohn DM	SoKo DM	Fremdl. DM	DM	DM
			Verrechnungssätze														
			Faktor	Std.Ansatz	Mat.Kosten	Fremdkosten	----------	----------	----------	----------	----------	----------	92,93	111,0%	108,0%		
			Gewerk: Stahlbetonarbeiten							17.011,55	653.112,15	490.102,34					2.835.148,13
4.10	700,0	m²	Sauberkeitsschicht B5 ,d=10 cm				0,132	13,00	2,80	92,4	9100,0	1960,0	12,27	14,43	3,02	29,72	20.804,53
			Betonieren														
			0,1	0,620	130,00	28,00	0,062	13,00	2,80								
			Abziehen														
			1	0,070			0,070										
4.20	40,0	m³	Ortbeton der Einzelfundamente B25				0,450	125,0	134,0	18,0	5000,0	5360,0	41,82	138,75	144,72	325,29	13.011,54
			Bewehrung														
			0,1			1.340,00			134,00								
			Betonieren														
			1	0,450	125,00		0,450	125,00	0,00								
4.30	80,0	m²	Schalung der Einzelfundamente				0,90	20,00		72,00	1600,00		83,64	22,20	0,00	105,84	8.466,96
			1	0,900	20,00		0,900	20,00									
4.40	145,0	m³	Ortbeton der Streifenfundamente B25				0,450	125,0	134,0	65,3	18125	19430	41,82	138,75	144,72	325,29	47.166,83
			Bewehrung														
			0,1			1.340,00			134,00								
			Betonieren														
			1	0,450	125,00		0,450	125,00	0,00								
4.50	205,0	m²	Schalung der Streifenfundamente				0,90	20,00		184,5	4100,00		83,64	22,20	0,00	105,84	21.696,59
			1	0,900	20,00		0,900	20,00									

Position	Menge	Einheit	Kurzbeschreibung der Teilleistung und Kalkulationsansätze				je Einheit ohne Zuschläge			Menge x Einheit ohne Zuschläge			je Einheit mit Zuschlägen			Angebotspreis je Einheit (EP)	Angebotspreis je Teilleist. (GP)
							Lohn Std.	SoKo DM	Fremdl. DM	Lohn Std.	SoKo DM	Fremdl. DM	Lohn DM	SoKo DM	Fremdl. DM	DM	DM
			Verrechnungssätze													Übertrag :	**111.146,45**
			Faktor	Std.Ansatz	Mat.Kosten	Fremdkosten	----------	----------	----------	----------	----------	----------	92,93	111,0%	108,0%		
4.60	**8,0**	**St.**	**Zulage für Ecken 45° Streifenfundamente**				**1,00**			**8,0**			**92,93**	**0,00**	**0,00**	**92,93**	**743,44**
			1	1,000			1,000										
4.60	**58,0**	**m³**	**Ortbeton der Fundamentplatten B25**				**0,47**	**125,0**	**134,00**	**27,2**	**7250,0**	**7772,0**	**43,62**	**138,75**	**144,72**	**327,09**	**18.971,30**
			Bewehrung														
			0,1			1.340,00			134,00								
			Betonieren														
			1	0,370	125,00		0,370	125,00	0,00								
			Glätten														
			1,42	0,070			0,099										
4.70	**38,0**	**m²**	**Schalung der Fundamentplatten**				**1,050**	**20,00**		**39,90**	**760,00**		**97,58**	**22,20**	**0,00**	**119,78**	**4.551,51**
			1	1,050	20,00		1,050	20,00									
4.80	**700,0**	**m²**	**Ortbeton Bodenplatte B25 , d=30 cm**				**0,18**	**38,36**	**40,20**	**125,9**	**26852,0**	**28140,0**	**16,71**	**42,58**	**43,42**	**102,70**	**71.893,89**
			Bewehrung														
			0,03			1.340,00			40,20								
			Betonieren														
			0,3	0,370	125,00		0,111	37,50	0,00								
			Randschalung														
			0,043	1,600	20,00		0,069	0,86									
4.90	**700,0**	**m²**	**Bodenplatte abziehen & glätten**				**0,070**		**7,00**	**49,00**		**4900**	**6,51**	**0,00**	**7,56**	**14,07**	**9.845,57**
			1	0,070		7,00	0,070		7,00								
4.100	**6000,0**	**m²**	**Orbeton der Deckenplatten B25,d=20cm**				**0,07**	**25,00**	**26,80**	**444**	**150000**	**160800**	**6,88**	**27,75**	**28,94**	**63,57**	**381.424,92**
			Betonieren														
			0,2	0,370	125,00		0,074	25,00	0,00								
			Bewehrung														
			0,02			1.340,00			26,80								

Posi-tion	Menge	Ein-heit	Kurzbeschreibung der Teilleistung und Kalkulationsansätze				je Einheit ohne Zuschläge			Menge x Einheit ohne Zuschläge			je Einheit mit Zuschlägen			Angebotspreis je Einheit (EP)	Angebotspreis je Teilleist. (GP)
							Lohn Std.	SoKo DM	Fremdl. DM	Lohn Std.	SoKo DM	Fremdl. DM	Lohn DM	SoKo DM	Fremdl. DM	DM	DM
			Verrechnungssätze													Übertrag :	598.576,27
			Faktor	Std.Ansatz	Mat.Kosten	Fremdkosten	----------	----------	----------	----------	----------	----------	92,93	111,0%	108,0%		
4.110	**6000,0**	**m²**	**Schalung Deckenplatten**				**0,575**	**7,41**		**3450**	**44460**		**53,43**	**8,23**	**0,00**	**61,66**	**369.959,10**
			Grundmontage (1,5 h/m²x1,0 m²)/27 Einsätze=0,056 h														
			1	0,056			0,075										
			Folgeeinsätze (0,5 h/m²x1,0 m²)=0,5 h														
			1	0,500			0,500										
			Material 1m²x(150DM7m²+50DM/m²)=200 DM/m²														
			200 DM/m²/27 Einsätze =7,41 DM/m²														
			1		7,41			7,41									
4.120	**6000,0**	**m²**	**Halbfertigteildecken d=5 cm**				**0,480**	**43,95**	**20,10**	**nur EP**	**nur EP**	**nur EP**	**44,63**	**48,79**	**21,71**	**115,12**	**nur EP**
			Einbau														
			1	0,400	25,00		0,400	25,00									
			Unterstützung														
			90 lfm x9 St.=810 lfm/6000 m²=0,135 lfm/m²														
			0,135	0,150	1,50		0,020	0,20									
			Bewehrung														
			0,015			1.340,00			20,10								
			Aufbeton d=15 cm														
			0,15	0,400	125,00		0,060	18,75	0,00								
4.130	**6000,0**	**m²**	**Glätten der Deckenoberfläche**				**0,070**		**7,00**	**420,0**		**42000,0**	**6,51**		**7,56**	**14,07**	**84.390,60**
			1	0,070		7,00	0,070		7,00								
4.140	**835,0**	**m²**	**Ortbeton der Kelleraussenwände**				**0,200**	**31,25**	**33,50**	**167,0**	**26093,8**	**27972,5**	**18,59**	**34,69**	**36,18**	**89,45**	**74.693,67**
			B25 , d=25 cm														
			Bewehrung														
			0,025			1.340,00			33,50								
			Betonieren														
			0,25	0,800	125,00		0,200	31,25	0,00								
4.150	**1670,0**	**m²**	**Schalung der Kelleraussenwände**				**0,567**	**6,67**		**946,9**	**11138,9**		**52,69**	**7,40**		**60,10**	**100.358,67**
			1	0,567	6,67		0,567	6,67									

Posi-tion	Menge	Ein-heit	Kurzbeschreibung der Teilleistung und Kalkulationsansätze				je Einheit ohne Zuschläge			Menge x Einheit ohne Zuschläge			je Einheit mit Zuschlägen			Angebotspreis je Einheit (EP)	Angebotspreis je Teilleist. (GP)
							Lohn Std.	SoKo DM	Fremdl. DM	Lohn Std.	SoKo DM	Fremdl. DM	Lohn DM	SoKo DM	Fremdl. DM	DM	DM
			Verrechnungssätze													Übertrag :	1.227.978,31
			Faktor	Std.Ansatz	Mat.Kosten	Fremdkosten	----------	----------	----------	----------	----------	----------	92,93	111,0%	108,0%		
4.160	**680,0**	**m²**	**Ortbeton der Treppenhauswände**				**0,24**	**37,50**	**40,20**	**163,2**	**25500**	**27336**	**22,30**	**41,63**	**43,42**	**107,34**	**72.994,06**
			B25 , d=30 cm														
			Bewehrung														
			0,03			1.340,00			40,20								
			Betonieren														
			0,3	0,800	125,00		0,240	37,50	0,00								
4.170	**1360,0**	**m²**	**Schalung der Treppenhauswände**				**0,567**	**6,67**		**771,1**	**9071**		**52,69**	**7,40**		**60,10**	**81.729,21**
			1	0,567	6,67		0,567	6,67									
4.180	**1045,0**	**m²**	**Ortbeton des Inst.-u.Aufzugsschachtes**				**0,24**	**37,50**	**40,20**	**251**	**39188**	**42009,0**	**22,30**	**41,63**	**43,42**	**107,34**	**112.174,69**
			B25 , d= 30 cm														
			Bewehrung														
			0,03			1.340,00	0,000	0,00	40,20								
			Betonieren														
			0,3	0,800	125,00		0,240	37,50	0,00								
4.190	**2090,0**	**m²**	**Schalung des Inst.-u.Aufzugsschachtes**				**0,867**	**6,67**		**1812**	**13940**		**80,57**	**7,40**		**87,97**	**183.865,68**
			1	0,867	6,67		0,867	6,67									
4.200	**28,0**	**St.**	**Ortbeton der Stützen ,40/40 cm**				**0,870**	**64,0**	**67,0**	**24,4**	**1792**	**1876**	**80,89**	**71,04**	**72,36**	**224,29**	**6.280,02**
			B25 , l=3,2m														
			Bewehrung														
			0,05			1.340,00	0,000	0,00	67,00								
			Betonieren														
			0,512	1,700	125,00		0,870	64,00									

Position	Menge	Einheit	Kurzbeschreibung der Teilleistung und Kalkulationsansätze				je Einheit ohne Zuschläge			Menge x Einheit ohne Zuschläge			je Einheit mit Zuschlägen			Angebotspreis je Einheit (EP)	Angebotspreis je Teilleist. (GP)
							Lohn Std.	SoKo DM	Fremdl. DM	Lohn Std.	SoKo DM	Fremdl. DM	Lohn DM	SoKo DM	Fremdl. DM	DM	DM
			Verrechnungssätze													Übertrag :	1.685.021,97
			Faktor	Std.Ansatz	Mat.Kosten	Fremdkosten	---------	---------	---------	---------	---------	---------	92,93	111,0%	108,0%		
4.210	**314,0**	**St.**	**Ortbeton der Stützen ,40/40 cm**				**0,918**	**67,5**	**67,0**	**288,25**	**21195**	**21038**	**85,31**	**74,93**	**72,36**	**232,59**	**73.034,75**
			B25 , l=3,4m														
			Bewehrung														
			0,05			1.340,00			67,00								
			Betonieren														
			0,54	1,700	125,00		0,918	67,50									
4.220	**8,0**	**St.**	**Ortbeton der Stützen ,40/40 cm**				**1,142**	**84,00**	**89,78**	**9,14**	**672,00**	**718**	**106,16**	**93,24**	**96,96**	**296,37**	**2.370,93**
			B25 , l=4,2m														
			Bewehrung														
			0,067			1.340,00			89,78								
			Betonieren														
			0,672	1,700	125,00		1,142	84,00									
4.230	**1860,0**	**m²**	**Stützenschalung bis 3,50 m Höhe**				**0,780**	**20,00**		**1451**	**37200**		**72,49**	**22,20**		**94,69**	**176.114,84**
			1	0,780	20,00		0,780	20,00									
4.240	**60,0**	**m²**	**Stützenschalung über3,50 m Höhe**				**1,020**	**20,00**		**61,20**	**1200,00**		**94,79**	**22,20**		**116,99**	**7.019,32**
			1	1,020	20,00		1,020	20,00									
4.250	**2435,0**	**lfm**	**Ortbeton der Unterzüge B25,**				**0,096**	**30,00**	**32,16**	**233,8**	**73050**	**78310**	**8,92**	**33,30**	**34,73**	**76,95**	**187.383,18**
			b/d=40/60 cm														
			Bewehrung														
			0,024			1.340,00			32,16								
			Betonieren														
			0,24	0,400	125,00		0,096	30,00									
4.260	**2320,0**	**m²**	**Schalung der Unterzüge**				**1,600**	**20,00**		**3712**	**46400**		**148,69**	**22,20**		**170,89**	**396.460,16**
			1	1,600	20,00		1,600	20,00									
4.280	**8,0**	**St.**	**Zulage für Ecke 45° der Unterzüge**				**1,000**			**8,00**			**92,93**			**92,93**	**743,44**
			1	1,000			1,000										

Posi-tion	Menge	Ein-heit	Kurzbeschreibung der Teilleistung und Kalkulationsansätze				je Einheit ohne Zuschläge			Menge x Einheit ohne Zuschläge			je Einheit mit Zuschlägen			Angebotspreis je Einheit (EP)	Angebotspreis je Teilleist. (GP)
							Lohn Std.	SoKo DM	Fremdl. DM	Lohn Std.	SoKo DM	Fremdl. DM	Lohn DM	SoKo DM	Fremdl. DM	DM	DM
			Verrechnungssätze													Übertrag :	2.528.148,59
			Faktor	Std.Ansatz	Mat.Kosten	Fremdkosten	----------	----------	----------	----------	----------	----------	92,93	111,0%	108,0%		
4.270	**1,0**	**St.**	**Verbindungstreppe**				**8,45**	**249,5**	**201,0**	**8,45**	**249,50**	**201**	**785,26**	**276,95**	**217,08**	**1279,28**	**1.279,28**
			Bewehrung														
			0,15			1.340,00			201,00								
			Betonieren														
			1,5 m³ Beton														
			1,5	1,500	125,00		2,250	187,50									
			Schalung														
			3,1 m² Schalung														
			3,1	2,000	20,00		6,200	62,00									
4.280	**20,0**	**m³**	**Ortbeton der Treppenpodestplatten**				**1,720**	**125,0**	**134,0**	**34,40**	**2500,0**	**2680**	**159,84**	**138,75**	**144,72**	**443,31**	**8.866,19**
			Bewehrung														
			0,1			1.340,00			134,00								
			Betonieren														
			1	1,720	125,00		1,720	125,00									
4.290	**80,0**	**m²**	**Schalung der Treppenpodestplatten**				**1,15**	**20,00**		**92,00**	**1600,00**		**106,87**	**22,20**		**129,07**	**10.325,56**
			1	1,150	20,00		1,150	20,00									
4.300	**16,0**	**St.**	**Fertigteiltreppelaufplatten**				**2,00**		**1100**	**32,00**		**17600**	**185,86**		**1188,00**	**1373,86**	**21.981,76**
			Liefern und einbauen														
			1	2,000		1.100,00	2,000		1100,0								
4.310	**975,0**	**lfm**	**Brüstung als Fertigteil**				**2,00**	**77,00**		**1950**	**75075,0**		**185,86**	**85,47**		**271,33**	**264.546,75**
			Liefern und einbauen														
			1	1,500		140,00	1,500		140,00								
			Iso-Korb (0,5m/lfm Brüstung)														
			0,5		154,00		0,500	77,00									

4. Erstellen der Arbeitskalkulation

Nach Angebotsabgabe und Auftragserteilung durch den Bauherrn findet beim Bauunternehmen die Arbeitsvorbereitung sowie die Erstellung der Arbeitskalkulation statt. Es wurden Nachunternehmerleistungen auf dem Markt angefragt und entsprechend den eingegangenen Angeboten beauftragt. Hierbei ergaben sich bei verschiedenen Positionen Abweichungen gegenüber der Kalkulation, die nunmehr in die Arbeitskalkulation eingearbeitet wurden. Insbesondere bei der Betonlieferung ergab sich markt- und saisonbedingt eine Reduzierung der angebotenen Preise von 125,-DM/m³ Beton B25 auf 118,- DM/m³. Weiterhin sind Preisschwankungen im Bereich der Lieferpreise für Schalungsmaterial aufgetreten. Diese wurden entsprechend berücksichtigt und eingearbeitet.

Auf Basis der zu erwartenden Abrechnungssumme kann man beobachten, ob sich das Baustellenergebnis noch in einen positiven Bereich (wie nachfolgend dargestellt) bewegt. Sollte dies nicht mehr der Fall sein kann bzw. muss entsprechend versucht werden darauf Einfluss zu nehmen.

In der nachfolgend dargestellten Arbeitskalkulation wurde von den zu erwartenden Abrechnungsmassen nach LV ausgegangen. Nach Gegenüberstellung von kalkulierten und zu erwartenden Leistungs- und Kostenansätzen kann festgestellt werden, dass sich das Baustellenergebnis bereits ohne Zuschläge auf Stoff- und Gerätekosten sowie Nachunternehmerleistungen positiv entwickelt.

BV: Neubau Verwaltungsgebäude (Rohbauarbeiten, Auszug aus Kalkulation)

Posi-tion	Menge	Ein-heit	Kurzbeschreibung der Teilleistung und Kalkulationsansätze				je Einheit ohne Zuschläge aus Kalkulation			Kosten nach Nachunternehmerbeauftragung			Kosten nach NU-Beauftragung ohne Zuschläge			Zu erwartenden Differenzen ohne Zuschläge			Kostenentwicklung je Einheit ohne Zuschläge			Differenz je Einheit (EP)	Differenz je Teilleist. (GP)
							Lohn Std.	SoKo DM	Fremdl. DM	Lohn Std.	SoKo DM	Fremdl. DM	Lohn Std.	SoKo DM	Fremdl. DM	Lohn Std.	SoKo DM	Fremdl. DM	Lohn DM	SoKo DM	Fremdl. DM	DM	DM
			Verrechnungssätze							Verrechnungssätze			Verrechnungssätze			Verrechnungssätze			Verrechnungssätze				
			Faktor	Std.Ansatz	Mat.Kosten	Fremdkosten	----------	----------	----------	Std.Ansatz	Mat.Kosten	Fremdkosten	----------	----------	----------	----------	----------	----------	50,11	----------	----------		
			Gewerk: Stahlbetonarbeiten																				23.476,87
4.10	**700,0**	**m²**	**Sauberkeitsschicht B5 ,d=10 cm**				**0,132**	**13,00**	**2,80**	**0,690**	**115,00**	**27,00**	**0,132**	**11,50**	**2,70**	**0,000**	**1,50**	**0,10**	**0,00**	**1,50**	**0,10**	**1,60**	**1.120,00**
			Betonieren																				
			0,1	0,620	130,00	28,00	0,062	13,00	2,80	0,620	115,00	27,00	0,062	11,50	2,70								
			Abziehen																				
			1	0,070			0,070			0,070			0,070										
4.20	**40,0**	**m³**	**Ortbeton der Einzelfundamente B25**				**0,450**	**125,0**	**134,0**	**0,450**	**118,0**	**1220,0**	**0,450**	**118,0**	**122,0**	**0,000**	**7,00**	**12,00**	**0,00**	**7,00**	**12,00**	**19,00**	**760,00**
			Bewehrung																				
			0,1			1.340,00			134,00			1220,00			122,00								
			Betonieren																				
			1	0,450	125,00		0,450	125,00	0,00	0,450	118,00		0,450	118,00	0,00								
4.30	**80,0**	**m²**	**Schalung der Einzelfundamente**				**0,90**	**20,00**		**0,90**	**18,00**		**0,90**	**18,00**		**0,000**	**2,00**	**0,00**	**0,00**	**2,00**	**0,00**	**2,00**	**160,00**
			1	0,900	20,00		0,900	20,00		0,900	18,00		0,900	18,00									
4.40	**145,0**	**m³**	**Ortbeton der Streifenfundamente B25**				**0,450**	**125,0**	**134,0**	**0,450**	**118,0**	**1220,0**	**0,450**	**118,0**	**122,0**	**0,000**	**7,00**	**12,00**	**0,00**	**7,00**	**12,00**	**19,00**	**2.755,00**
			Bewehrung																				
			0,1			1.340,00			134,00			1220,00			122,00								
			Betonieren																				
			1	0,450	125,00		0,450	125,00	0,00	0,450	118,00		0,450	118,00	0,00								
4.50	**205,0**	**m²**	**Schalung der Streifenfundamente**				**0,90**	**20,00**		**0,00**	**0,00**		**0,90**	**18,00**		**0,000**	**2,00**	**0,00**	**0,00**	**2,00**	**0,00**	**2,00**	**410,00**
			1	0,900	20,00		0,900	20,00					0,900	18,00	0,00								

Posi-tion	Menge	Ein-heit	Kurzbeschreibung der Teilleistung und Kalkulationsansätze				je Einheit ohne Zuschläge aus Kalkulation			Kosten nach Nachunternehmerbeauftragung			Kosten nach NU-Beauftragung ohne Zuschläge			Zu erwartenden Differenzen ohne Zuschläge			Kostenentwicklung je Einheit ohne Zuschläge			Differenz je Einheit (EP)	Differenz je Teilleist. (GP)
							Lohn Std.	SoKo DM	Fremdl. DM	Lohn Std.	SoKo DM	Fremdl. DM	Lohn Std.	SoKo DM	Fremdl. DM	Lohn Std.	SoKo DM	Fremdl. DM	Lohn DM	SoKo DM	Fremdl. DM	DM	DM
			Verrechnungssätze																			Übertrag:	**18.271,87**
			Faktor	Std.Ansatz	Mat.Kosten	Fremdkosten	----------	----------	----------	----------	----------	----------	----------	----------	----------	----------	----------	----------	50,11	----------	----------		
4.60	**8,0**	**St.**	**Zulage für Ecken 45° Streifenfundamente**				**1,00**			**1,00**			**1,00**			**0,000**	**0,00**	**0,00**	**0,000**	**0,00**	**0,00**	**0,00**	**0,00**
			1	1,000			1,000			1,000			1,000	0,00	0,00								
4.60	**58,0**	**m²**	**Ortbeton der Fundamentplatten B25**				**0,47**	**125,0**	**134,00**	**0,44**	**118,0**	**1220,00**	**0,47**	**118,0**	**122,00**	**0,000**	**7,00**	**12,00**	**0,000**	**7,00**	**12,00**	**19,00**	**1.102,00**
			Bewehrung																				
			0,1			1.340,00			134,00			1220,00	0,000	0,00	122,00								
			Betonieren																				
			1	0,370	125,00		0,370	125,00	0,00	0,370	118,00		0,370	118,00	0,00								
			Glätten																				
			1,42	0,070			0,099			0,070			0,099	0,00	0,00								
4.70	**38,0**	**m²**	**Schalung der Fundamentplatten**				**1,050**	**20,00**		**1,050**	**18,00**		**1,050**	**18,00**		**0,000**	**2,00**	**0,00**	**0,000**	**2,00**	**0,00**	**2,00**	**76,00**
			1	1,050	20,00		1,050	20,00		1,050	18,00		1,050	18,00	0,00								
4.80	**700,0**	**m²**	**Ortbeton Bodenplatte B25 , d=30 cm**				**0,18**	**38,36**	**40,20**	**1,97**	**136,00**	**1220,00**	**0,18**	**36,17**	**36,60**	**0,000**	**2,19**	**3,60**	**0,000**	**2,19**	**3,60**	**5,79**	**4.050,20**
			Bewehrung																				
			0,03			1.340,00			40,20			1220,00	0,000	0,00	36,60								
			Betonieren																				
			0,3	0,370	125,00		0,111	37,50	0,00	0,370	118,00		0,111	35,40	0,00								
			Randschalung																				
			0,043	1,600	20,00		0,069	0,86		1,600	18,00		0,069	0,77	0,00								
4.90	**700,0**	**m²**	**Bodenplatte abziehen & glätten**				**0,070**		**7,00**	**0,070**		**8,00**	**0,070**		**8,00**	**0,000**	**0,00**	**-1,00**	**0,000**	**0,00**	**-1,00**	**-1,00**	**-700,00**
			1	0,070		7,00	0,070		7,00	0,070		8,00	0,070	0,00	8,00								
4.100	**6000,0**	**m²**	**Orbeton der Deckenplatten B25,d=20cm**				**0,07**	**25,00**	**26,80**	**0,37**	**118,00**	**1220,00**	**0,07**	**23,60**	**24,40**	**0,000**	**1,40**	**2,40**	**0,000**	**1,40**	**2,40**	**3,80**	**22.800,00**
			Betonieren																				
			0,2	0,370	125,00		0,074	25,00	0,00	0,370	118,00		0,074	23,60	0,00								
			Bewehrung																				
			0,02			1.340,00			26,80			1220,00	0,000	0,00	24,40								

Position	Menge	Einheit	Kurzbeschreibung der Teilleistung und Kalkulationsansätze				je Einheit ohne Zuschläge aus Kalkulation			Kosten nach Nachunternehmerbeauftragung			Kosten nach NU-Beauftragung ohne Zuschläge			Zu erwartenden Differenzen ohne Zuschläge			Kostenentwicklung je Einheit ohne Zuschläge			Differenz je Einheit (EP)	Differenz je Teilleist. (GP)
							Lohn Std.	SoKo DM	Fremdl. DM	Lohn Std.	SoKo DM	Fremdl. DM	Lohn Std.	SoKo DM	Fremdl. DM	Lohn Std.	SoKo DM	Fremdl. DM	Lohn DM	SoKo DM	Fremdl. DM	DM	DM
			Verrechnungssätze																			Übertrag:	-9.056,33
			Faktor	Std.Ansatz	Mat.Kosten	Fremdkosten	----------	----------	----------	----------	----------	----------	----------	----------	----------	----------	----------	----------	50,11	----------	----------		
4.110	**6000,0**	**m²**	**Schalung Deckenplatten**				**0,575**	**7,41**		**0,575**	**9,50**		**0,575**	**9,50**		**0,000**	**-2,09**	**0,00**	**0,00**	**-2,09**	**0,00**	**-2,09**	**-12.540,00**
			Grundmontage (1,5 h/m²x1,0 m²)/27 Einsätze=0,056 h																				
			1	0,056			0,075			0,075			0,075	0,00	0,00								
			Folgeeinsätze (0,5 h/m²x1,0 m²)=0,5 h																				
			1	0,500			0,500			0,500			0,500	0,00	0,00								
			Material 1m²x(150DM/m²+50DM/m²)=200 DM/m²																				
			200 DM/m²/27 Einsätze =7,41 DM/m²																				
			1		7,41			7,41			9,50		0,000	9,50	0,00								
4.120	**6000,0**	**m²**	**Halbfertigteildecken d=5 cm**				**0,480**	**43,95**	**20,10**	**0,950**	**144,50**	**1350,00**	**0,480**	**42,90**	**20,25**	**0,000**	**1,05**	**-0,15**	**0,000**	**1,05**	**-0,15**	**0,90**	**nur EP**
			Einbau																				
			1	0,400	25,00		0,400	25,00		0,400	25,00		0,400	25,00	0,00								
			Unterstützung																				
			90 lfm x9 St.=810 lfm/6000 m²=0,135 lfm/m²																				
			0,135	0,150	1,50		0,020	0,20		0,150	1,50		0,020	0,20	0,00								
			Bewehrung																				
			0,015			1.340,00			20,10			1350,00	0,000	0,00	20,25								
			Aufbeton d=15 cm																				
			0,15	0,400	125,00		0,060	18,75	0,00	0,400	118,00		0,060	17,70	0,00								
4.130	**6000,0**	**m²**	**Glätten der Deckenoberfläche**				**0,070**		**7,00**	**0,070**		**8,00**	**0,070**		**8,00**	**0,000**	**0,00**	**-1,00**	**0,000**	**0,00**	**-1,00**	**-1,00**	**-6.000,00**
			1	0,070		7,00	0,070		7,00	0,070		8,00	0,070	0,00	8,00								
4.140	**835,0**	**m²**	**Ortbeton der Kelleraussenwände**				**0,200**	**31,25**	**33,50**	**0,800**	**118,00**	**1220,00**	**0,200**	**29,50**	**30,50**	**0,000**	**1,75**	**3,00**	**0,000**	**1,75**	**3,00**	**4,75**	**3.966,25**
			B25 , d=25 cm																				
			Bewehrung																				
			0,025			1.340,00			33,50			1220,00	0,000	0,00	30,50								
			Betonieren																				
			0,25	0,800	125,00		0,200	31,25	0,00	0,800	118,00		0,200	29,50	0,00								
4.150	**1670,0**	**m²**	**Schalung der Kelleraussenwände**				**0,567**	**6,67**		**0,567**	**8,00**		**0,567**	**8,00**		**0,000**	**-1,33**	**0,00**	**0,000**	**-1,33**	**0,00**	**-1,33**	**-2.221,10**
			1	0,567	6,67		0,567	6,67		0,567	8,00		0,567	8,00	0,00								

Posi-tion	Menge	Ein-heit	Kurzbeschreibung der Teilleistung und Kalkulationsansätze				je Einheit ohne Zuschläge aus Kalkulation			Kosten nach Nachunternehmerbeauftragung			Kosten nach NU-Beauftragung ohne Zuschläge			**Zu erwartenden Differenzen ohne Zuschläge**			**Kostenentwicklung je Einheit ohne Zuschläge**			**Differenz je Einheit (EP)**	**Differenz je Teilleist. (GP)**
							Lohn	SoKo	Fremdl.	Lohn	SoKo	Fremdl.	Lohn	SoKo	Fremdl.	Lohn	SoKo	Fremdl.	Lohn	SoKo	Fremdl.		
							Std.	DM	DM	Std.	DM	DM	Std.	DM	DM	Std.	DM	DM	DM	DM	DM	DM	DM
			Verrechnungssätze																			Übertrag:	7.738,52
			Faktor	Std.Ansatz	Mat.Kosten	Fremdkosten	---------	---------	---------	---------	---------	---------	---------	---------	---------	---------	---------	---------	50,11	---------	---------		
4.160	**680,0**	m²	**Ortbeton der Treppenhauswände**				**0,24**	**37,50**	**40,20**	**0,80**	**118,00**	**1220,00**	**0,24**	**35,40**	**36,60**	**0,000**	**2,10**	**3,60**	**0,000**	**2,10**	**3,60**	**5,70**	**3.876,00**
			B25 , d=30 cm																				
			Bewehrung																				
			0,03			1.340,00			40,20			1220,00	0,000	0,00	36,60								
			Betonieren																				
			0,3	0,800	125,00		0,240	37,50	0,00	0,800	118,00		0,240	35,40	0,00								
4.170	**1360,0**	m²	**Schalung der Treppenhauswände**				**0,567**	**6,67**		**0,567**	**8,00**		**0,567**	**8,00**		**0,000**	**-1,33**	**0,00**	**0,000**	**-1,33**	**0,00**	**-1,33**	**-1.808,80**
			1	0,567	6,67		0,567	6,67		0,567	8,00		0,567	8,00	0,00								
4.180	**1045,0**	m²	**Ortbeton des Inst.-u.Aufzugsschachtes**				**0,24**	**37,50**	**40,20**	**0,80**	**118,00**	**1220,00**	**0,24**	**35,40**	**36,60**	**0,000**	**2,10**	**3,60**	**0,000**	**2,10**	**3,60**	**5,70**	**5.956,50**
			B25 , d= 30 cm																				
			Bewehrung																				
			0,03			1.340,00	0,000	0,00	40,20			1220,00	0,000	0,00	36,60								
			Betonieren																				
			0,3	0,800	125,00		0,240	37,50	0,00	0,800	118,00		0,240	35,40	0,00								
4.190	**2090,0**	m²	**Schalung des Inst.-u.Aufzugsschachtes**				**0,867**	**6,67**		**0,867**	**8,00**		**0,867**	**8,00**		**0,000**	**-1,33**	**0,00**	**0,000**	**-1,33**	**0,00**	**-1,33**	**-2.779,70**
			1	0,867	6,67		0,867	6,67		0,867	8,00		0,867	8,00	0,00								
4.200	**28,0**	St.	**Ortbeton der Stützen ,40/40 cm**				**0,870**	**64,0**	**67,0**	**1,700**	**118,0**	**1220,0**	**0,870**	**60,4**	**61,0**	**0,000**	**3,58**	**6,00**	**0,000**	**3,58**	**6,00**	**9,58**	**268,35**
			B25 , l=3,2m																				
			Bewehrung																				
			0,05			1.340,00	0,000	0,00	67,00			1220,00	0,000	0,00	61,00								
			Betonieren																				
			0,512	1,700	125,00		0,870	64,00		1,700	118,00		0,870	60,42	0,00								

Position	Menge	Einheit	Kurzbeschreibung der Teilleistung und Kalkulationsansätze				je Einheit ohne Zuschläge aus Kalkulation			Kosten nach Nachunternehmerbeauftragung			Kosten nach NU-Beauftragung ohne Zuschläge			Zu erwartenden Differenzen ohne Zuschläge			Kostenentwicklung je Einheit ohne Zuschläge			Differenz je Einheit (EP)	Differenz je Teilleist. (GP)
			Verrechnungssätze				Lohn Std.	SoKo DM	Fremdl. DM	Lohn Std.	SoKo DM	Fremdl. DM	Lohn Std.	SoKo DM	Fremdl. DM	Lohn Std.	SoKo DM	Fremdl. DM	Lohn DM	SoKo DM	Fremdl. DM	DM	DM
																						Übertrag:	2.226,17
			Faktor	Std.Ansatz	Mat.Kosten	Fremdkosten	----------	----------	----------	----------	----------	----------	----------	----------	----------	----------	----------	----------	50,11	----------	----------		
4.210	**314,0**	**St.**	**Ortbeton der Stützen ,40/40 cm**				**0,918**	**67,5**	**67,0**	**1,700**	**118,0**	**1220,0**	**0,918**	**63,7**	**61,0**	**0,000**	**3,78**	**6,00**	**0,000**	**3,78**	**6,00**	**9,78**	**3.070,92**
			B25 , l=3,4m																				
			Bewehrung																				
			0,05			1.340,00			67,00			1220,00	0,000	0,00	61,00								
			Betonieren																				
			0,54	1,700	125,00		0,918	67,50		1,700	118,00		0,918	63,72	0,00								
4.220	**8,0**	**St.**	**Ortbeton der Stützen ,40/40 cm**				**1,142**	**84,00**	**89,78**	**1,700**	**118,00**	**1220,00**	**1,142**	**79,30**	**81,74**	**0,000**	**4,70**	**8,04**	**0,000**	**4,70**	**8,04**	**12,74**	**101,95**
			B25 , l=4,2m																				
			Bewehrung																				
			0,067			1.340,00			89,78			1220,00	0,000	0,00	81,74								
			Betonieren																				
			0,672	1,700	125,00		1,142	84,00		1,700	118,00		1,142	79,30	0,00								
4.230	**1860,0**	**m²**	**Stützenschalung bis 3,50 m Höhe**				**0,780**	**20,00**		**0,780**	**24,00**		**0,780**	**24,00**		**0,000**	**-4,00**	**0,00**	**0,000**	**-4,00**	**0,00**	**-4,00**	**-7.440,00**
			1	0,780	20,00		0,780	20,00		0,780	24,00		0,780	24,00	0,00								
4.240	**60,0**	**m²**	**Stützenschalung über3,50 m Höhe**				**1,020**	**20,00**		**1,020**	**24,00**		**1,020**	**24,00**		**0,000**	**-4,00**	**0,00**	**0,000**	**-4,00**	**0,00**	**-4,00**	**-240,00**
			1	1,020	20,00		1,020	20,00		1,020	24,00		1,020	24,00	0,00								
4.250	**2435,0**	**lfm**	**Ortbeton der Unterzüge B25,**				**0,096**	**30,00**	**32,16**	**0,400**	**118,00**	**1220,00**	**0,096**	**28,32**	**29,28**	**0,000**	**1,68**	**2,88**	**0,000**	**1,68**	**2,88**	**4,56**	**11.103,60**
			b/d=40/60 cm																				
			Bewehrung																				
			0,024			1.340,00			32,16			1220,00	0,000	0,00	29,28								
			Betonieren																				
			0,24	0,400	125,00		0,096	30,00		0,400	118,00		0,096	28,32	0,00								
4.260	**2320,0**	**m²**	**Schalung der Unterzüge**				**1,600**	**20,00**		**1,600**	**22,00**		**1,600**	**22,00**		**0,000**	**-2,00**	**0,00**	**0,000**	**-2,00**	**0,00**	**-2,00**	**-4.640,00**
			1	1,600	20,00		1,600	20,00		1,600	22,00		1,600	22,00	0,00								
4.280	**8,0**	**St.**	**Zulage für Ecke 45° der Unterzüge**				**1,000**			**1,000**			**1,000**			**0,000**	**0,00**	**0,00**	**0,000**	**0,00**	**0,00**	**0,00**	**0,00**
			1	1,000			1,000			1,000			1,000	0,00	0,00								

Posi-tion	Menge	Ein-heit	Kurzbeschreibung der Teilleistung und Kalkulationsansätze				je Einheit ohne Zuschläge aus Kalkulation			Kosten nach Nachunternehmerbeauftragung			Kosten nach NU-Beauftragung ohne Zuschläge			**Zu erwartenden Differenzen ohne Zuschläge**			**Kostenentwicklung je Einheit ohne Zuschläge**			**Differenz je Einheit (EP)**	**Differenz je Teilleist. (GP)**
							Lohn	SoKo	Fremdl.	Lohn	SoKo	Fremdl.	Lohn	SoKo	Fremdl.	Lohn	SoKo	Fremdl.	Lohn	SoKo	Fremdl.		
							Std.	DM	DM	Std.	DM	DM	Std.	DM	DM	Std.	DM	DM	DM	DM	DM	DM	DM
			Verrechnungssätze																			Übertrag :	269,70
			Faktor	Std.Ansatz	Mat Kosten	Fremdkosten	----------	----------	----------	----------	----------	----------	----------	----------	----------	----------	----------	----------	50,11	----------	----------		
4.270	**1,0**	**St.**	**Verbindungstreppe**				**8,45**	**249,5**	**201,0**	**3,50**	**136,0**	**1220,0**	**8,45**	**232,8**	**183,0**	**0,000**	**16,70**	**18,00**	**0,000**	**16,70**	**18,00**	**34,70**	**34,70**
			Bewehrung																				
			0,15			1.340,00			201,00			1220,00	0,000	0,00	183,00								
			Betonieren																				
			1,5 m³ Beton																				
			1,5	1,500	125,00		2,250	187,50		1,500	118,00		2,250	177,00	0,00								
			Schalung																				
			3,1 m² Schalung																				
			3,1	2,000	20,00		6,200	62,00		2,000	18,00		6,200	55,80	0,00								
4.280	**20,0**	**m²**	**Ortbeton der Treppenpodestplatten**				**1,720**	**125,0**	**134,0**	**1,720**	**118,0**	**1220,0**	**1,720**	**118,0**	**122,0**	**0,000**	**7,00**	**12,00**	**0,000**	**7,00**	**12,00**	**19,00**	**380,00**
			Bewehrung																				
			0,1			1.340,00			134,00			1220,00	0,000	0,00	122,00								
			Betonieren																				
			1	1,720	125,00		1,720	125,00		1,720	118,00		1,720	118,00	0,00								
4.290	**80,0**	**m²**	**Schalung der Treppenpodestplatten**				**1,15**	**20,00**		**1,15**	**18,00**		**1,15**	**18,00**		**0,000**	**2,00**	**0,00**	**0,000**	**2,00**	**0,00**	**2,00**	**160,00**
			1	1,150	20,00		1,150	20,00		1,150	18,00		1,150	18,00	0,00								
4.300	**16,0**	**St.**	**Fertigteiltreppelaufplatten**				**2,00**		**1100**	**2,00**		**1180**	**2,00**		**1180**	**0,000**	**0,00**	**-80,00**	**0,000**	**0,00**	**-80,00**	**-80,00**	**-1.280,00**
			Liefern und einbauen																				
			1	2,000		1.100,00	2,000		1100,0	2,000		1180,0	2,000	0,00	1180,00								
4.310	**975,0**	**lfm**	**Brüstung als Fertigteil**				**2,00**	**77,00**		**2,00**	**152,00**		**2,00**	**76,00**		**0,000**	**1,00**	**0,00**	**0,000**	**1,00**	**0,00**	**1,00**	**975,00**
			Liefern und einbauen																				
			1	1,500		140,00	1,500		140,00	1,500		138,00	1,500	0,00	138,00								
			Iso-Korb (0,5m/lfm Brüstung)																				
			0,5		154,00		0,500	77,00		0,500	152,00		0,500	76,00	0,00								

5. Erstellen der Nachkalkulation

In der Regel wird monatlich bzw. spätestens jedoch nach Beendigung eines Bauobjektes bzw. evtl. auch nach Abschluss einer in sich abgeschlossenen Teilleistung (z.B. alle Decken sind betoniert) des Bauprojektes eine Nachkalkulation durchgeführt, um festzustellen ob Leistungs- und Kostenansätze eingehalten wurden und ob der erzielte bzw. angestrebte Ertrag mit dem tatsächlichen Aufwand konform laufen. Sollte dies nicht der Fall sein, so müssen während des Bauprozesses entsprechende Gegenmaßnahmen getroffen werden bzw. die nach Abschluss des Bauprozesses erhaltenen, neuen Kosten- und Leistungsansätze für Teilleistungen für die Erstellung von neuen Kalkulation und Angeboten zur Verfügung stehen.

Sollten die neu errechneten Kosten- und Leistungsansätze zum wirtschaftlichen Nachteil des Baubetriebes gereichen, so sind diese unbedingt neu zu erstellende Kalkulationen und Angebote zu übernehmen. Sollten sie jedoch zum Vorteil gereichen, so können sie als „Ausgleichspositionen“ für andere z.B. nicht deckend kalkulierten genutzt werden oder auch als „Nachlassposition“ während einer Auftragsverhandlung dienen. Diese Entscheidung obliegt jedoch den entsprechend für das Angebot zuständigen Bearbeiter bzw. Verantwortlichen des jeweiligen Unternehmens.

Für das oben beschriebene und dargelegte Projekt wurde eine Nachkalkulation nach Abschluss der Arbeiten ausgeführt. Zur näheren Erläuterung sei gesagt, dass die gesamten Rohbauarbeiten durch einen Nachunternehmer auf Werkvertragsbasis ausgeführt wurden, lediglich die Baustelleneinrichtung und Geräte sowie die erforderlichen Materialien wie Beton, Schalung, etc. wurden vom Generalunternehmer zur Verfügung gestellt.

Hierbei wurden die auf den folgenden Seiten aufgeführten Werte ermittelt bzw. während der Dauer der Bauzeit aufgenommen und erfasst.

5.1. Ermittlung des Ertrages der Baustelle nach Aufmaß

BV: Neubau Verwaltungsgebäude (Rohbauarbeiten, Auszug aus Nachkalkulation)

Position	**Abrechnungsmenge Bauherr**	Einheit	Kurzbeschreibung der Teilleistung und Kalkulationsansätze Verrechnungssätze Faktor / Std.Ansatz / Mat.Kosten / Fremdkosten	Angebotspreis je Einheit (EP) DM	**Abrechnungssumme je Teilleist. (GP) von Bauherr** DM
4.10	**712,85**	**m^2**	**Sauberkeitsschicht B5 ,d=10 cm**	**29,72**	**21.186,44**
	632,38	m^2	1. Abschlagsrechnung / 21.11.1998		
	80,47	m^2	2. Abschlagsrechnung / 12.01.1999		
4.20	**42,680**	**m^3**	**Ortbeton der Einzelfundamente B25**	**325,29**	**13.883,31**
	39,020	m^3	1. Abschlagsrechnung / 21.11.1998		
	3,660	m^3	2. Abschlagsrechnung / 12.01.1999		
4.30	**87,24**	**m^2**	**Schalung der Einzelfundamente**	**105,84**	**9.233,22**
	68,97	m^2	1. Abschlagsrechnung / 21.11.1998		
	18,27	m^2	2. Abschlagsrechnung / 12.01.1999		
4.40	**139,890**	**m^3**	**Ortbeton der Streifenfundamente B25**	**325,29**	**45.504,61**
	116,360	m^3	1. Abschlagsrechnung / 21.11.1998		
	23,530	m^3	2. Abschlagsrechnung / 12.01.1999		
4.50	**192,60**	**m^2**	**Schalung der Streifenfundamente**	**105,84**	**20.384,21**
	168,44	m^2	1. Abschlagsrechnung / 21.11.1998		
	24,16	m^2	2. Abschlagsrechnung / 12.01.1999		
4.60	**8,0**	**St.**	**Zulage für Ecken 45° Streifenfundamente**	**92,93**	**743,44**
	8,0	St.	1. Abschlagsrechnung / 21.11.1998		
4.60	**64,388**	**m^3**	**Ortbeton der Fundamentplatten B25**	**327,09**	**21.060,76**
	46,286	m^3	1. Abschlagsrechnung / 21.11.1998		
	18,102	m^3	2. Abschlagsrechnung / 12.01.1999		
4.70	**52,16**	**m^2**	**Schalung der Fundamentplatten**	**119,78**	**6.247,54**
	38,12	m^2	1. Abschlagsrechnung / 21.11.1998		
	14,04	m^2	2. Abschlagsrechnung / 12.01.1999		
4.80	**682,35**	**m^2**	**Ortbeton Bodenplatte B25 , d=30 cm**	**102,70**	**70.080,36**
	560,00	m^2	1. Abschlagsrechnung / 21.11.1998		
	122,35	m^2	2. Abschlagsrechnung / 12.01.1999		
4.90	**712,85**	**m^2**	**Bodenplatte abziehen & glätten**	**14,07**	**10.026,31**
	560,00	m^2	1. Abschlagsrechnung / 21.11.1998		
	152,85	m^2	2. Abschlagsrechnung / 12.01.1999		
4.100	**6037,38**	**m^2**	**Orbeton der Deckenplatten B25,d=20cm**	**63,57**	**383.801,20**
	802,98	m^2	1. Abschlagsrechnung / 21.11.1998		
	1324,87	m^2	2. Abschlagsrechnung / 12.01.1999		
	2898,88	m^2	3. Abschlagsrechnung / 21.02.1999		
	1010,65	m^2	4. Abschlagsrechnung / 18.03.1999		
4.110	**6037,38**	**m^2**	**Schalung Deckenplatten**	**61,66**	**372.263,95**
	802,98	m^2	1. Abschlagsrechnung / 21.11.1998		
	1324,87	m^2	2. Abschlagsrechnung / 12.01.1999		
	2898,88	m^2	3. Abschlagsrechnung / 21.02.1999		
	1010,65	m^2	4. Abschlagsrechnung / 18.03.1999		
4.130	**6037,38**	**m^2**	**Glätten der Deckenoberfläche**	**14,07**	**84.916,35**
	802,98	m^2	1. Abschlagsrechnung / 21.11.1998		
	1324,87	m^2	2. Abschlagsrechnung / 12.01.1999		
	2898,88	m^2	3. Abschlagsrechnung / 21.02.1999		
	1010,65	m^2	4. Abschlagsrechnung / 18.03.1999		
4.140	**828,980**	**m^2**	**Ortbeton der Kelleraussenwände**	**89,45**	**74.155,16**
	480,68	m^2	2. Abschlagsrechnung / 12.01.1999		
	348,30	m^2	3. Abschlagsrechnung / 21.02.1999		
4.150	**1632,28**	**m^2**	**Schalung der Kelleraussenwände**	**60,10**	**98.091,88**
	904,00	m^2	2. Abschlagsrechnung / 12.01.1999		
	728,3	m^2	3. Abschlagsrechnung / 21.02.1999		
4.160	**698,20**	**m^2**	**Ortbeton der Treppenhauswände**	**107,34**	**74.947,72**
	129,34	m^2	2. Abschlagsrechnung / 12.01.1999		
	328,08	m^2	3. Abschlagsrechnung / 21.02.1999		
	240,78	m^2	4. Abschlagsrechnung / 18.03.1999		
4.170	**1421,46**	**m^2**	**Schalung der Treppenhauswände**	**60,10**	**85.422,65**
	387,65	m^2	2. Abschlagsrechnung / 12.01.1999		
	788,9	m^2	3. Abschlagsrechnung / 21.02.1999		
	245,0	m^2	4. Abschlagsrechnung / 18.03.1999		
				Übertrag:	1.391.949,11

Pos.	Menge	Einheit	Text	EP	GP
				Übertrag:	1.391.949,11
4.180	**1058,48**	**m²**	**Ortbeton des Inst.-u.Aufzugsschachtes**	**107,34**	**113.621,69**
	209,46	m²	2. Abschlagsrechnung / 12.01.1999		
	464,87	m²	3. Abschlagsrechnung / 21.02.1999		
	384,15	m²	4. Abschlagsrechnung / 18.03.1999		
4.190	**2116,96**	**m²**	**Schalung des Inst.-u.Aufzugsschachtes**	**87,97**	**186.237,46**
	418,92	m²	2. Abschlagsrechnung / 12.01.1999		
	929,74	m²	3. Abschlagsrechnung / 21.02.1999		
	768,30	m²	4. Abschlagsrechnung / 18.03.1999		
4.200	**28,0**	**St.**	**Ortbeton der Stützen ,40/40 cm**	**224,29**	**6.280,02**
	7,0	St.	2. Abschlagsrechnung / 12.01.1999		
	14,0	St.	3. Abschlagsrechnung / 21.02.1999		
	7,0	St.	4. Abschlagsrechnung / 18.03.1999		
4.210	**314,0**	**St.**	**Ortbeton der Stützen ,40/40 cm**	**232,59**	**73.034,75**
	84,0	St.	2. Abschlagsrechnung / 12.01.1999		
	128,0	St.	3. Abschlagsrechnung / 21.02.1999		
	102,0	St.	4. Abschlagsrechnung / 18.03.1999		
4.220	**8,0**	**St.**	**Ortbeton der Stützen ,40/40 cm**	**296,37**	**2.370,93**
	8,0	St.	2. Abschlagsrechnung / 12.01.1999		
4.230	**1860,00**	**m²**	**Stützenschalung bis 3,50 m Höhe**	**94,69**	**176.114,84**
	798,60	m²	2. Abschlagsrechnung / 12.01.1999		
	842,6	m²	3. Abschlagsrechnung / 21.02.1999		
	218,8	m²	4. Abschlagsrechnung / 18.03.1999		
4.240	**60,00**	**m²**	**Stützenschalung über3,50 m Höhe**	**116,99**	**7.019,32**
	60,00	m²	2. Abschlagsrechnung / 12.01.1999		
4.250	**2428,60**	**lfm**	**Ortbeton der Unterzüge B25,**	**76,95**	**186.890,68**
	962,95	lfm	2. Abschlagsrechnung / 12.01.1999		
	1280,42	lfm	3. Abschlagsrechnung / 21.02.1999		
	185,2	lfm	4. Abschlagsrechnung / 18.03.1999		
4.260	**2348,60**	**m²**	**Schalung der Unterzüge**	**170,89**	**401.347,56**
	954,88	m²	2. Abschlagsrechnung / 12.01.1999		
	1221,36	m²	3. Abschlagsrechnung / 21.02.1999		
	172,4	m²	4. Abschlagsrechnung / 18.03.1999		
4.280	**8,0**	**St.**	**Zulage für Ecke 45° der Unterzüge**	**92,93**	**743,44**
	6,0	St.	3. Abschlagsrechnung / 21.02.1999		
	2,0	St.	4. Abschlagsrechnung / 18.03.1999		
4.270	**1,0**	**St.**	**Verbindungstreppe**	**1279,28**	**1.279,28**
	1,0	St.	3. Abschlagsrechnung / 21.02.1999		
4.280	**19,800**	**m³**	**Ortbeton der Treppenpodestplatten**	**443,31**	**8.777,53**
	3,860	m³	2. Abschlagsrechnung / 12.01.1999		
	8,860	m³	3. Abschlagsrechnung / 21.02.1999		
	7,080	m³	4. Abschlagsrechnung / 18.03.1999		
4.290	**78,90**	**m²**	**Schalung der Treppenpodestplatten**	**129,07**	**10.183,58**
	22,89	m²	2. Abschlagsrechnung / 12.01.1999		
	46,88	m²	3. Abschlagsrechnung / 21.02.1999		
	9,13	m²	4. Abschlagsrechnung / 18.03.1999		
4.300	**16,0**	**St.**	**Fertigteiltreppelaufplatten**	**1373,86**	**21.981,76**
	8,0	St.	3. Abschlagsrechnung / 21.02.1999		
	8,0	St.	4. Abschlagsrechnung / 18.03.1999		
4.310	**972,00**	**lfm**	**Brüstung als Fertigteil**	**271,33**	**263.732,76**
	362,0	lfm	3. Abschlagsrechnung / 21.02.1999		
	354,0	lfm	4. Abschlagsrechnung / 18.03.1999		
	256,00	lfm	Schlussrechnung / 16.04.1999		
			Gewerk: Stahlbetonarbeiten	**Ertrag:**	**2.051.564,70**

5.2. Ermittlung und Aufsummierung der Baustellengemeinkosten (BGK)

	Gemeinkosten der Baustelle A			
	Kostenentwicklung		**Lohn (h)**	**SoKo (DM)**
A	**Einmalige Kosten**			
1	**Einrichten und Räumen der Baustelle**			
	Kran 1 (Höhe 36 m) auf- und abbauen			35.350,00 DM
	Kran 2 (Höhe 42 m) auf- und abbauen			38.800,00 DM
	Schnurgerüst aufstellen und einmessen		25,0 h	500,00 DM
	Magazincontainer (2 Stück) aufstellen		6,0 h	440,00 DM
	Magazincontainer (2 Stück) abbauen		4,0 h	440,00 DM
	Unterkunftscontainer (4 Stück) aufstellen		19,0 h	1.200,00 DM
	Unterkunftscontainer (4 Stück) abbauen		17,0 h	1.200,00 DM
	Bürocontainer (2 Stück) aufstellen		12,0 h	500,00 DM
	Bürocontainer (2 Stück) abbauen		5,0 h	500,00 DM
	WC-Container (2 Stück) aufstellen		14,0 h	800,00 DM
	WC-Container (2 Stück) abbauen		7,0 h	800,00 DM
	Auf- und Abladen der Geräte und Baubuden			
	Auf- und Abladen der allgemeinem Einrichtung			
	Wasseranschluß		8,0 h	600,00 DM
	Stromanschluß		27,0 h	500,00 DM
	Telefonanschluß			500,00 DM
	Auf- und Abladen Bauhof			
	Auf- und Abladen Baustelle			
	Transportkosten			
	2 x 138 to x 100,00 DM/to =	27.600,00 DM		27.600,00 DM
	Sonderfrachten			
2	**Lohnbezogene Kosten**			
	Lohnsumme			
	17.011,55 h x 21,38 DM/h =	363.761,02 DM		
	Kleingeräte und Werkzeuge:	5% der Lohnsumme		18.188,05 DM
	Nebenstoffe und Frachten:			
	Sonstige allgemeine Baukosten:			
	Lohnsummensteuer:			
	Hapfpflichtversicherung:	1% der Lohnsumme		3.637,61 DM
3	**Technische Bearbeitung**			bauseits
	Konstruktion lt. Angebot einschl. Bestandszeichnungen			
	Arbeitsvorbereitung			
	Sonstiges (Fotos, Prospekte, etc.)			
4	**Besondere Wagnisse**			
	Eigenbeteiligung, Preissteigerung, Lohn:			
	Bauleistungsversicherung:			
Summe A: Einmalige Kosten			**144,0 h**	**131.555,66 DM**

Gemeinkosten der Baustelle B

	Kostenentwicklung	Lohn (h)	SoKo (DM)
A	**Zeitabhängige Kosten**		
1	**Vorhaltekosten der Geräte und Einrichtungen**		
	Kran 1 (Höhe 36 m) vorhalten, 3,5 Monate		59.570,95 DM
	Kran 2 (Höhe 42 m) vorhalten, 4 Monate		70.651,48 DM
	Magazincontainer (2 Stück) vorhalten, 4 Monate		1.952,00 DM
	Unterkunftscontainer (4 Stück) vorhalten, 4 Monate		11.088,00 DM
	Bürocontainer (2 Stück) vorhalten, 4 Monate		4.848,00 DM
	WC-Container (2 Stück) vorhalten, 4 Monate		9.000,00 DM
2	**Betriebsstoffe (Strom, Benzin, Heizöl, Wasser)**		
	Leistungsverbrauch (in Vorhaltekosten enthalten)		
3	**Baustellengehälter**		
	0,5 Bauleiter je 9500,- DM/Mo. * 4 Mo.		19.000,00 DM
	0,1 Kaufmann je 8000,- DM/Mo. * 4 Mo.		3.200,00 DM
	0,1 Schreibkraft je 5000,- DM/Mo. * 4 Mo.		2.000,00 DM
	2 Poliere je 8500,- DM/Mo. * 4 Mo.		68.000,00 DM
			(92.200,00 DM)
	Gehaltsgebundene Kosten		
	71 % von 92.000 DM		65.320,00 DM
4	**Allgemeine Baukosten**		
	Hilfslöhne (Magaziner, Boten, etc.)		
	Bürokosten		
	Allgemeines 50,- DM/Mo. * 4 Mo.		200,00 DM
	Telefon 230,- DM/Mo. * 4 Mo.		800,00 DM
	Material & Spesen 235,- DM/Mo. * 4 Mo.		400,00 DM
	Pkw-Betrieb, 3 Pkw * 300 km/Mo. * 0,58 DM/km		522,00 DM
5	**Sonderkosten**		
	Reinigen der Baustraße und laufende Ausbesserungsarbeiten		
	200,- DM/Mo. * 4 Mo.		800,00 DM
	Summe B: Zeitabhängige Kosten	**0,0 h**	**317.352,43 DM**

Zusammenstellung der angefallenen Gemeinkosten

Gemeinkosten		448.908,09 DM
Lohnkosten		
	144 h x 50,11 DM/h	7.215,84 DM
Gemeinkosten der Baustelle (Summe A + B)		**456.123,93 DM**

Gemeinkostenanteil bezogen auf Abrechnungssumme:

Gemeinkosten der Baustelle (Summe A + B) =	456.123,93 DM	= 15,995568%
Abrechnungssumme lt. Nachkalkulation =	2.851.564,37 DM	

5.3. Gegenüberstellung von Aufwand und Ertrag

	Ertrag	
	Gebuchte Rechnung	
	1. Abschlagsrechnung / 21.11.1998	292.156,62 DM
+	2. Abschlagsrechnung / 12.01.1999	764.496,60 DM
+	3. Abschlagsrechnung / 21.02.1999	1.234.011,63 DM
+	4. Abschlagsrechnung / 18.03.1999	491.439,37 DM
+	Schlussrechnung / 16.04.1999	69.460,48 DM
=	**Gesamtleistung (Ertrag):**	**2.851.564,70 DM**
	Kosten / Aufwand	
	Gemeinkosten der Baustelle (BGK)	456.123,93 DM
+	Allgemeine Geschäftskosten (AGK, 8%)	228.125,18 DM
+	Materialkosten	
	Beton	
	Betonrechnung Nr. 01385/98	87.376,94 DM
	Betonrechnung Nr. 0126/99	62.987,46 DM
	Betonrechnung Nr. 0265/99	57.847,48 DM
	Betonrechnung Nr. 0298/99	78.763,98 DM
	Betonrechnung Nr. 0376/99	79.321,86 DM
	Schalung	
	Schalung Thyssen / 26.12.98	29.873,83 DM
	Schalung Thyssen / 21.01.99	47.938,83 DM
	Schalung Thyssen / 30.01.99	38.178,32 DM
	Schalung Thyssen / 12.02.99	23.013,49 DM
	Schalung Thyssen / 19.02.99	43.232,45 DM
	Schalung Thyssen / 15.03.99	21.509,19 DM
	Fertigteile	
	Hohlblock AG / 12.03.99	52.575,00 DM
	Hohlblock AG / 06.04.99	47.575,00 DM
	Hohlblock AG / 21.04.99	50.000,00 DM
+	Nachunternehmerleistung	
	Rohbau GmbH / 1.AR / 30.11.98	234.536,76 DM
	Rohbau GmbH / 2.AR / 30.12.98	268.766,84 DM
	Rohbau GmbH / 3.AR / 14.02.99	312.546,32 DM
	Rohbau GmbH / 4.AR / 21.03.99	254.654,25 DM
	Rohbau GmbH / 5.AR / 13.04.99	167.953,37 DM
	Rohbau GmbH / SR / 26.04.99	18.939,88 DM
=	**Gesamtkosten (Aufwand):**	**2.661.840,35 DM**
	Ergebnis	
	Gesamtleistung (Ertrag):	2.851.564,70 DM
-	**Gesamtkosten (Aufwand):**	2.661.840,35 DM
=	**Ergebnis (Gewinn):**	**189.724,35 DM**

5.4. Auswertung der Ergebnisse

Wie bereits zu Gewinn dieser Arbeit erwähnt ist das Ziel jeder unternehmerischen Tätigkeit die Erzielung von Gewinnen.

Aus kalkulatorischer Sicht war für das oben beschriebene Bauprojekt ein Zuschlag in Höhe von 7,0 % für Wagnis und Gewinn vorgesehen.

Ergebnis (Gewinn) =	189.724,35 DM	= 6,653342%
Abrechnungssumme lt. Nachkalkulation =	2.851.564,70 DM	

Aufgrund von leichten Verschiebungen bzw. Preisdifferenzen zwischen Leistungs- und Kostenansätzen der Kalkulation und den tatsächlichen Vergabepreisen an Nachunternehmer wurde dieses Ziel knapp verfehlt. Das Ergebnis dieser Baustelle darf jedoch keinesfalls als ungenügend oder schlecht angesehen werden, denn aufgrund der derzeit stark angespannten Marktsituation sind positive Ergebnisse von Bauprojekt eher selten zu finden.

6. Literaturverzeichnis

[1] Kalkulation. Verfahren und Beispiele.
Johanna Härtl, Cornelsen Lehrbuch Verlag, 2000

[2] Kalkulation von Baupreisen
Gerhard Drees u. Wolfgang Paul, Bauwerk Verlag, 2002

[3] Kalkulation und Kostenrechnung
Johanna Härtl, Cornelsen Lehrbuch Verlag, 2002

[4] Kostenträgerrechnung und Kalkulation
Gerhard Gairing, Verlag Beruf + Schule, 2002

[5] Zahlentafeln für den Baubetrieb, 6. Auflage
Manfred Hoffmann u. andere, B.G. Teubner Verlag, 2002

[6] Preisermittlung für Bauarbeiten, 24. Auflage
Karl Plümecke, Rudolf Müller Fachbuch, 1995

[7] Richtig kalkulieren im Hochbau, 2. Auflage
Rüdiger Dinort, Rudolf Müller Fachbuch, 1997